斷捨離的簡單生活

山下英子 著

前言

斷捨離之後
享受滋潤而平靜的生活

各位好，歡迎你們。本書的舞臺是這間位於東京的公寓，我現在一個人住在這裡。

承蒙許多讀者接受「斷捨離」的理念，我必須經常往返於現居地石川與東京之間。隨著頻率增加，決定要「單身赴任」。這已是三年前的事了，如今我以東京的公寓為根據地，首次踏上獨居之路。以畫作裝點牆面、用喜歡的餐具吃飯、睡在舒服的床……過著非常理所當然的「簡單生活」。

話雖如此，難免有悶悶不樂的時候，也有因為生病而閉關的日子。此時能夠使我振奮起來的，就是嚮往了很久的 Herend 茶杯，或是從沖繩買回來的獅畫。在這個家裡，看不見任何一個會讓我感到不愉快的東西。

這本書裡，處處藏著「大人式的獨居生活」的細節。不論是誰，遲早都會變成「一個人」。應該如何面對，又如何樂在其中呢？我以自己的做法為例，連那些不太好意思展示的部分也在此逐一公開。

或許你會認為：「與家人同住，物品的凌亂程度畢竟和一個人住不同啊！」然而，事實上本質是不變的：以自性為軸心，努力執行斷捨離，不斷磨練對於各項物事「需不需要」、「愉不愉快」、「合不合適」的感知能力。這樣一來，空間將變得令人自在，房子舒適，打掃起來輕鬆愉快，形成愉悅生活的良性循環。

那麼，我們複習一下「斷捨離」的基本觀念：

- 斷——「斷絕」不必要的東西
- 捨——「捨棄」多餘的雜物
- 離——反覆執行「斷」與「捨」，「脫離」對物品的執著

請將這三個步驟當成咒語。斷捨離是一種訓練，越是努力，空間與生活就會越符合你的期待。

從「斷捨離」更進一步，本書將帶你踏入這樣的世界：

・美……滋潤而平靜的生活

所謂的「美」是什麼呢？

把斷捨離想像成肌膚的保養，如果想要保持膚質潤澤美麗，首先必須好好清潔毛孔內的髒汙與油脂，若是毛孔堵塞，即使擦上化妝水、塗上粉底，也不過是表面的遮掩罷了。另一方面，過度清潔油脂則會導致皮膚乾燥，失去潤澤。

住家也一樣。雖然「房間凌亂」令人頭大，可是「空無一物」也很無趣。枯燥乏味、毫無情趣的房間，並不適合成熟的女性。

徹底詢問自己的內心：「適合我的東西是什麼？」不需要的就放手。捨去的部分，就由「餘裕」取而代之。

空間的餘裕，時間的餘裕，以及人際關係的餘裕。這種「餘裕」，正是滋潤生活的「美」。多虧了這個方法，我每一年、每一年都過得更快樂。

本書是依照我家的各個空間來分門別類，你可以先看看自己比較在乎的空間、留意的環節，也可以按照廚房、衣櫥、寢室等順序慢慢地參觀。

斷捨離的簡單生活

目錄

第1章

「食」的空間－廚房

第2章
「衣」的空間——衣櫥

第5章
「洗」的空間——浴室

第6章

「學」的空間—書房

第7章

「走」的空間—玄關

切
入
TOSHIBA

第1章 「食」的空間

以「7：5：1法則」
打造一個美麗的空間

1° 廚房的水平面上只放水壺

讓廚房成為家的主角——這是我理想中的居住空間。「飲食」是生活的重心，廚房不須隱身於幕後，應該設置在目光所及的地方。

和以往的日式房屋不同，現在的廚房通常設置在明亮處；客廳、飯廳相連，一路延伸至廚房的開放式設計也很普遍。可惜的是，由於清潔維護並不容易，所以廚房幾乎難以成為家的主角——塞滿廚餘的瀝水桶，沾上髒汙的抹布，有點焦痕的長筷，前一天的餐具堆在水槽裡……這類景象，讓人只想眼不見為淨。

看到雜誌上的國外家庭廚房的照片，相信會有很多人感嘆：「明明用具一大堆，為什麼看起來這麼時尚？」這是因為它們都有充分發揮功能，使用者持續地維護管理，與用具之間的關係緊密。

如果維護管理很吃力，就必須減少物品的數量。

「用不到的就丟掉！」

從我開始提倡「斷捨離」以來，就不斷地重複這個觀念。

說起英國的廚房，我曾經看過這樣的做法：水平面上只放一個水壺。這正是我想要呈現的廚房樣貌。水壺以外的東西都收得一乾二淨，可見之處只擺放少數幾樣精心挑選的美觀物件。在這種廚房裡工作，心情很愉快。

談到廚房的設計時，總是先想到「動線」。然而這兩個字大有文章。事實上，為了縮短動線、打造成不太需要走動的空間，往往導致身邊塞滿了東西。

因此，我絲毫不在意動線，就算廚櫃有點遠也沒關係。我在乎的是拿取物品時要做幾個動作。每個動作都等於勞力與時間。我熱衷於建立架構，逐一精簡「取出、收拾」的流程。接著就來介紹具體的方法。

水平面乾淨清爽。

這就是「水平面上只放水壺」的廚房。
運用「7:5:1法則」，內部收納占7成，
外部收納占5成，展示收納占1成。

美觀的用具格外耀眼

外形優雅的水壺，擺放在四周毫無雜物的空間，日常用品也能如同藝術品般耀眼。

2° 拿取物品時一個動作就完成

動作＝勞力與時間。我的目標是將次數減至極限，直到「幾乎只要一個動作」為止。

具體地計算一下動作的次數吧。

譬如從廚櫃拿出一個大盤子時，要①打開櫃門，②拿開上面的小盤子，③取出下面的大盤子，④將小盤子放回去，⑤關上櫃門。這樣一共是五個動作。大盤子用完後，收進廚櫃時也需要五個動作。次數越多，越讓人覺得麻煩，最後往往只把大盤子疊在小盤子上就關門了事。

如果想要減少打開櫃門之後的動作，就要嚴選餐具，身邊只留必要的數量、必要的種類以及特別珍惜的用具。此外，收納在廚櫃裡的盤子盡量不要互疊。即使相疊，也僅限少數幾個相同種類與用途的盤子。

冰箱裡的食材和調味料也要以一個動作取出。例如紙盒包裝的高湯，買回來時先剪開盒子上蓋，將裡面相連的小包裝也逐一切開再放進冰箱。這樣一來，使用時只要打開冰箱取出小包裝即可，一個動作就能完成，不必每次都打開盒子再蓋起來。

另外，沒用完的食材與調味料要裝袋存放時，不用費工夫的橡皮筋，而是以方便的夾子取代。夾子平時則放在冰箱旁邊的側架。

廚房經常用到的紙巾，我也會先從包裝裡取出，放在架子上或抽屜裡，需要時一伸手就能立刻拿到。

重點在於「事先多費一點工夫」。從包裝裡取出、剪開上蓋等事前準備，會讓後續的作業流程變得順暢許多。每減少一個動作，就能減少一點壓力。

一個動作就能取出或收納，不費工夫的廚房。

首先要嚴格控制器具的數量，
只留下喜愛的、珍惜的器具。
一旦節制數量，
即使擺放位置不固定，
廚櫃依然這麼清爽。

享受日式風情。

泰國的青瓷
我在泰國清邁的市場發現的，
能襯托各種中西日式料理。

三個步驟就完成：

① 打開櫃門
② 取出盤子
③ 關上櫃門

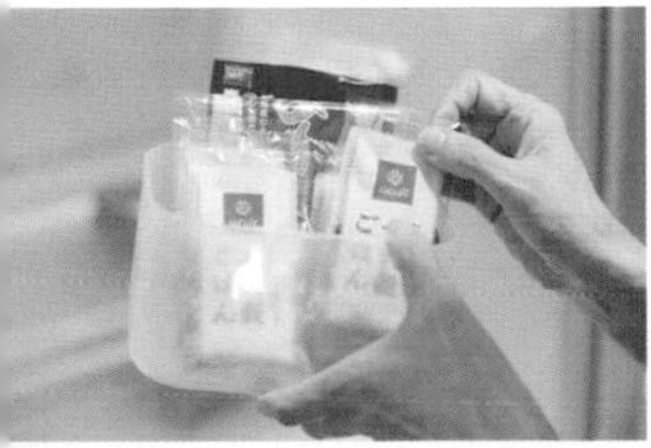

先拆除包裝

高湯和調味料都放在無蓋的容器裡保存。打開冰箱時一眼就能看到有什麼東西，一個動作就能拿到。

廁紙分別收納

先從外包裝裡取出，一一放好。花費僅僅數秒，之後要用時就很方便。

剪刀隨手可取得

將常用剪刀掛在牆上。「外部收納」做得好，一把剪刀也能在空間魔法下變為藝術品。

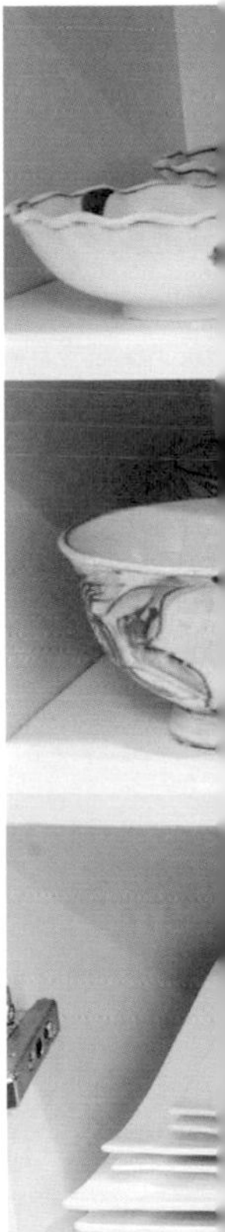

陳列出來便於拿取

上層是九谷燒「華泉」，中層左邊是以前就很喜愛的九谷燒，右邊的碗是輪島塗。下層左邊是南非白瓷，右邊則是泰國青瓷。

使用拋棄式紙巾
有效率地隨時保持清潔

3° 廚房裡不需要抹布

幾條抹布晾在廚房裡的景象，實在不怎麼美觀。而且，抹布也是有點麻煩的東西，擦拭過餐具或工作臺後，還得洗淨晾乾，等於多了一道收拾善後的程序。像這樣越費事，就越讓人覺得麻煩。

為了針對「麻煩」做斷捨離，我的做法是付出一些成本：用紙巾代替抹布。一卷紙巾約三百日圓，最近我在 Office Depot 網站訂購，價錢比較便宜。

紙巾的優點是用過就丟。站在環保的角度，「用過就丟」的舉措容易引來批評，然而這麼做真的很可惜嗎？

使用拋棄式紙巾，好處多多。例如擦完盤子後，再擦一擦工作臺或瓦斯爐，就能扔進垃圾桶。一張紙巾，多種用途。此外，抹布很難保持乾淨，必須使用稱不上環保的除菌洗潔劑，或者費工夫煮沸消毒。即使如此，抹布的乾淨程度仍然比不上新紙巾。

斷捨離追求的並非只是減少眼前的成本，而是綜觀全局，確認「事情是否順利流暢」。藉由使用紙巾，可以省下清洗抹布再晾乾的工夫與時間，以及破壞空間美感等各種徒勞之舉。

隨處放置的紙巾

在流理臺、瓦斯爐等使用頻率高的地方放紙巾。水槽下方的抽屜收納了碗、刨絲器與開瓶器等用具。

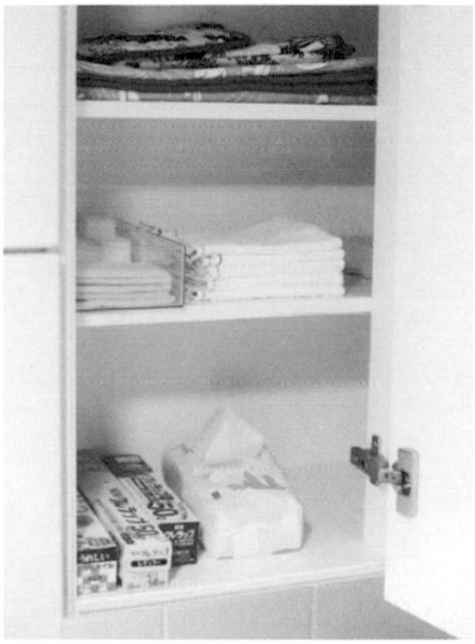

汙垢立刻清乾淨

紙巾放在水槽下方、瓦斯爐旁、上方架子，需要時就能隨手取得。

將垃圾桶收納在
流理臺下方

4° 讓垃圾變得容易處理

成為善於清理收拾的人，是我一直以來的理想。不只是清理垃圾，我更想當個能夠妥善解決事情的女人。這種想法源於我母親，因為她每件事都處理得不好。

想讓垃圾變得好處理，基本概念是「丟棄時也要有美感」。烹調時產生的廚餘先收集在小塑膠袋裡，並且立刻綁緊，再丟進垃圾桶。只要當場密封，就不會產生臭味。我現在住的公寓可以每天倒垃圾，很令人開心。

垃圾桶很容易變髒、產生臭味，因此，我使用「拋棄式」垃圾桶——利用店家的紙袋，將垃圾分成紙類、資源回收、可燃這三種，收在水槽下方的抽屜裡。紙袋一髒，直接拿出丟棄即可。

垃圾桶放在水槽下方的抽屜

正方形紙袋很適合當成垃圾桶，站得很穩，大小也剛好。紙袋如果髒了，它的任務就結束了。

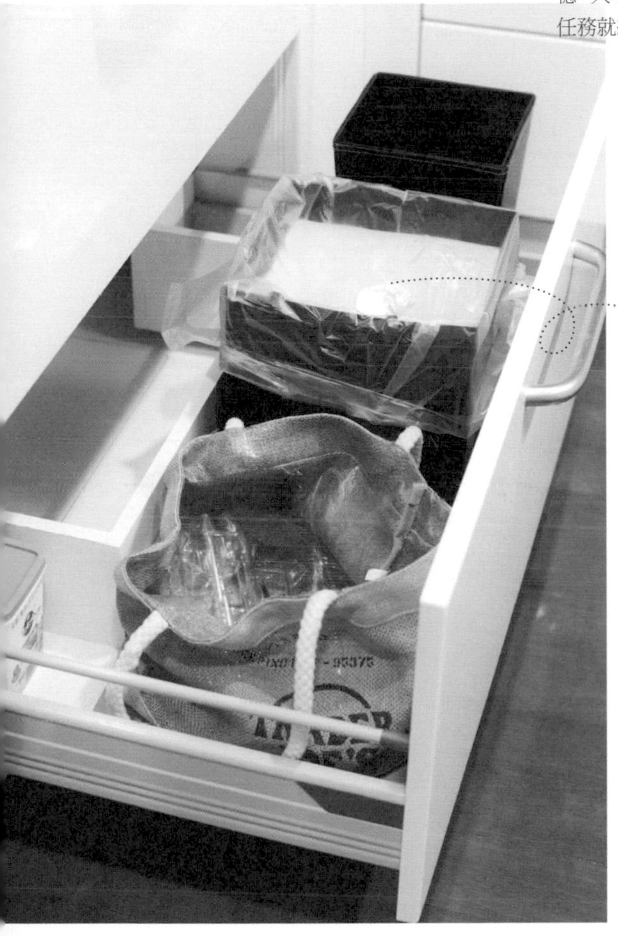

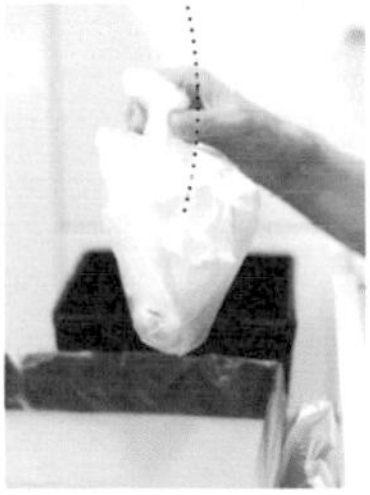

善用塑膠袋

料理完畢，將廚餘裝進小塑膠袋裡，即使袋子還有空間，也應立即綁緊，丟進垃圾桶，才不會產生臭味。

水槽是垃圾的「盛產地」，將垃圾桶放在水槽下方，能讓工作流程自然流暢。打開抽屜時，可以順便丟垃圾；一關上抽屜，垃圾桶就藏起來了。

去上公共廁所時，總是會看到散落的垃圾對吧，像是衛生棉沒包好就亂丟，讓人不敢直視，這就是沒有妥善收拾處理。即使沒那麼可怕，廁紙滿出垃圾桶外的景象也很常見。

妥善清理收拾並非為了做給別人看，而是一種自我要求。我想成為這樣的人，總是提醒自己把蓬鬆的廁紙往下壓一壓之後再走出廁所。

清潔第一
美觀第二

5° 海綿菜瓜布用途廣泛

粉紅色、黃色、綠色……為什麼海綿菜瓜布有這麼多顏色呢？雖然「維他命色系」這個名稱頗有趣，卻無法為我帶來半點活力。聲音有所謂的雜音，而它們對我來說就是雜色呢。

我一直在找有療癒感的天然色海綿菜瓜布，卻從未遇過。所以現在用的是白色三聚氰胺海綿，它的優點是不需洗潔劑就能清洗。

事先將它切成方便使用的大小，約莫是一手掌握的尺寸。

海綿的使用週期最長三天。洗過幾次碗後，就拿來擦水槽與瓦斯爐。此外，用它來擦馬桶比用廁紙更加潔淨光亮。像這樣物盡其用，最後才丟進垃圾桶。將海

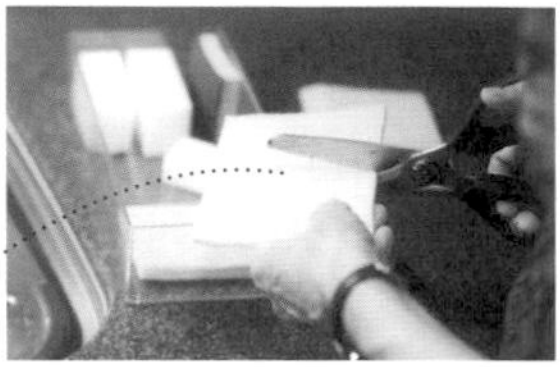

事先切成好幾塊

將市售的長方形三聚氰胺海綿，切成適當的大小，放在透明容器裡。用來刷水槽的黃綠色海綿，也事先切開備用。

綿切成小塊，可以徹底清潔家中每個角落。

因為前提是「用過就丟」，所以一直能用乾淨的海綿洗碗。「能用到什麼時候？」很多人即使像這樣感到不安，仍然持續使用同一塊海綿。海綿是雜菌的繁殖場，我認為，與其拚命地除菌後再使用，不如直接丟棄。

提供飲食的廚房首重清潔。餐具會直接與嘴巴接觸，所以清洗餐具的海綿可不能馬虎。

清理收拾時，一塊乾淨的海綿能讓你工作起來更愉快。切割海綿或許要花點工夫，但只要事先準備好，往後的作業就會非常輕鬆。想要一開始費些工夫，還是日後麻煩一點，端看你的選擇。即使兩者花費的時間力氣一樣，「需要時才處理」卻會導致作業流程停滯，使人感受到壓力。

覺得洗碗麻煩
是因為數量太多

6°
不要放置瀝水架

因為現在獨自生活，餐具用得不多，所以飯後我會直接手洗。和家人一起住的時候，則是全部交給洗碗機，無論餐具多寡。

不過，似乎有不少人很堅持原則（？）：「電費太貴了，所以洗碗機要等到餐具堆滿了才啟動。」

這種節約方式真的會成功嗎？

放著髒汙的餐具不管，會讓人不舒服，心裡一直掛念，最後會形成壓力。一累積壓力，你是否會亂花錢呢？沒錯，這是為了獎勵「努力節約的自己」。花點小錢倒是還好，如果壓力大到必須去看醫生可就糟了。總之，原本打算節約，整體看來開銷反而增加了，我把這種狀況稱為「節約&浪費的法則」。

一般人會把洗好的碗盤放在瀝水架上，不過我家沒有這種東西。或許你會認為，這是因為一個人住，餐具不多的關係，但是和家人住的時候我也不用瀝水架。原本就存在感十足的瀝水架，上面堆了滿滿的碗盤，實在不甚美觀。對此，多數人會漸漸變得漫不經心，「既然有瀝水架，乾脆就擺著吧。」要用的時候，就直接從瀝水架拿碗盤。這樣的瀝水架，正是「缺乏自覺」的證據。

如果不用瀝水架，盤子上的水分要怎麼辦呢？我的做法是使用廚房紙巾：將紙巾鋪放在水槽旁，然後將洗好的碗盤倒蓋放置。水分瀝去一定程度後，再拿一張紙巾擦乾碗盤放回櫥櫃。

不同於瀝水架，使用紙巾可以避免放置不管的情形，也能夠自然地形成「擦完盤子，放回廚櫃」的流程。

有餘裕的廚房空間

少了瀝水架，水槽旁邊會變得清爽許多。盤子不會留在工作臺上，其他調理用具也不會一直擺在外面。

收在抽屜裡
也具有十足美感

7° 挑選鍋子要從「外觀」開始

我挑選廚房用具一向以「外觀」來決定。有人問我：「這樣不會有問題嗎？」我可以堅定地回答：絕對不會。各位聽過「實用之美」嗎？它的意思是「好用的物品，自然會是洗鍊而富有美感的物品」。

鍋具是「實用之美」的代表。我以「端上餐桌也很美觀」為準則，挑選了 Le Creuset 的鍋子。

我直到五十多歲才首次獨自生活，懷著彷彿新婚妻子的心情，興致勃勃地前往百貨公司的鍋具賣場。一邊看著憧憬的 Le Creuset 鍋子，一邊煩惱該選哪個顏色，最後挑了紅色。

俐落的外型真美

五只Le Creuset鍋子(加上他牌的鍋子一只)收在瓦斯爐下方的兩層抽屜裡。使用漂亮的工具,讓料理的過程更愉快。

為鍋子鋪「坐墊」

每一只鍋子底下都鋪了在宜得利買的紅色矽膠墊。想要打開塞緊的瓶蓋時,這種墊子也能派上用場。

其實這個購物方式深受以前經驗的影響。當初二十多歲結婚，搬去和公婆同住，廚房裡躺著的是奶奶的鋁鍋，既沒有魅力，也沒有分量。年輕時的我夢想著：「總有一天絕對要買一只漂亮的鍋子。」

如今過了幾十年，總算擁有了這只鍋子。它的重量十足，就像是在反抗輕量的鋁鍋一樣。我幹勁十足地想：「就用沉重的鍋子來鍛鍊腕力！」這股對鋁鍋的怨恨很可怕吧？

慢慢地，我逐一湊齊了五種類型的 Le Creuset 鍋子。最初的那只是標準尺寸，後來為了招待大批客人，買了一只略大的橢圓形鍋。此外，煮飯時我用的是較小的鍋子。

還有平底鍋，有點深度的設計很適合用來煮義大利麵或蕎麥麵。或許這並不是它原本的用途，但是獨自生活可以隨興一點。倒是水壺因為有點大，反而不常用到。

和鍋墊、隔熱手套並列
看起來乾淨舒爽

8° 小型砧板妙用多

小小的起司切片砧板和鍋墊、隔熱手套並排掛著，我單手就能立刻拿取，用來切菜或切肉。使用後清洗瀝乾水分，再像原先那樣掛回去。不需要讓它立著乾燥，非常輕鬆。時時保持清潔，不費工夫。

事實上，我覺得砧板是廚房裡最顯眼、最不對勁的工具。塑膠製薄砧板雖然不占空間，但是既缺乏穩定感也不好切。好用、品質佳的砧板，大多有些分量，略顯笨重。可真是傷腦筋！

此時我遇見了起司切片砧板，不僅非常穩固，也擁有洗鍊的外型。若是這種砧板，一定要讓別人看見！於是它就成了廚房的擺飾品。

在空間裡懸掛著

在雜亂的環境裡，無論多美的逸品都會失去存在感與高級感。可愛的砧板懸掛起來，顯得特別好看。

我不喜歡所有的廚房用具都往牆上掛，但是我喜歡懸掛的裝飾。懸掛，是「展示收納」的方法之一。

順帶一提，斷捨離的原則是「內部收納占七成，外部收納占五成，展示收納占一成」，7：5：1是最理想的比例。

砧板的搭檔是菜刀。我有一把三年多前在網路上買的菜刀，還有一把水果刀，平時用的則是小一號的刀子。可以說是小砧板和小刀就足夠的生活。客人比較多時，就換大型砧板登場，菜刀也會同時亮相。或許我們在不知不覺間，是依生活所需來挑選尺寸合適的廚房用具呢。

義大利麵或燉煮食物
都很方便

9°
一物多用的日式餐具

一物多用，一種器具有多種功能，這種靈活性正是日式魅力，就如同日式房間可以當成客廳或寢室一樣。西式餐具不能用來裝盛燉煮食物，日式餐具卻可以燉煮食物，也能煮義大利麵。我喜歡日式餐具如此具有包容力的一面。

約莫十年前，我開始學習茶道，明白了「將原本是其他用途的道具，當作茶具使用」的妙趣。一只抹茶碗可以用來裝咖啡歐蕾、白飯、味噌湯、蕎麥麵，有各種用途。器具的自由度一舉提升。

我最愛的器具是石川縣當地的九谷燒。色彩繽紛的彩繪深具魅力，其中以藍白色為基調的圖案令人愛不釋手。依各種用途，我買了大小平底淺碟、飯碗、小缽等。

廚櫃有一層是九谷燒的展示區。不稱為收納而說是展示，是因為意識到俯瞰的視線。在器具之間，留下充分的間距，盡量避免重疊放置。即使不得不互疊，也僅止於少數幾樣。除了可以充分呈現其外觀之美，事實上也具備「便於拿取，容易收拾」的優點。

石川縣能美市寺井町的批發商店櫛比鱗次，九谷燒的彩繪師都聚集在此。每年這一帶會舉行茶碗祭，處處都是寶物，還能以半價取得頗具價值的器具，堪稱是器具愛好者的樂園。

前些日子，我去參觀了睽違數年的茶碗祭。對器具沒有抵抗力的我興致高昂，逛得入迷，買了繪有龍與獅子的器具。最近有個相信超自然的人對我說：「你的前世是一條龍，而幫助你的人是獅子。」沒想到竟讓我在茶碗祭上遇見了。

今天要用哪一個？

上方的架子排列飲用器具。
九谷燒喝啤酒，臺灣茶杯品嘗中式茶，
享受大異其趣的滋味。

Herend瓷器茶杯

來自於匈牙利的高級品牌，用它喝茶，是一種日常生活的難得幸福。

九谷燒「華泉」

最近加入我家的陣容。龍在涼爽的配色中騰雲駕霧。

花紋茶杯

在臺灣買的茶壺與茶杯。白色茶杯看似簡單，杯底卻有美麗的立體花紋。

餐具和茶杯
不區分客人主人

10° 高級茶杯別捨不得用

Herend 茶杯是匈牙利的知名品牌，最高級品一個要價約五萬日圓。雖然我一直很想要，價錢卻讓我覺得高不可攀，望之卻步。

今年春天我身體微恙，有段時期閉門不出。為了替衰弱的身體注入活力，便趁機透過網路購買。略低一級、一個定價兩萬日圓的 Herend 終於來到我家。

我買了六個不同的顏色。雖是衝動購物，它們卻深深令我沉浸在幸福的感受中。話雖如此，我不打算只在特別的日子裡才興沖沖地拿出來珍惜著用。正因為是上等的東西，才要每天使用。

用了好東西，對自己的看法也會提升：「我是值得用好東西的人。」反之，放著好東西不用，就會漸漸覺得：「我是不值得用好東西的人」。

有一次為了斷捨離的企畫，我曾去拜訪某位作家。在她家的廚房裡，最先映入眼簾的是二十幾年前買的 Mister Donut 馬克杯。我提醒她應該斷捨離，她卻表示「還在用」而無法割捨。於是我請教她的年紀，得知她已四十七歲。我又問：「四十七歲的現在，你想成為什麼樣的女性？」她回答：「我想成為優雅成熟的女性。」我繼續追問：「那樣的女性形象，和這個馬克杯一致嗎？」她自是無法回答。藉由連續提問，促使她也開始思考。

來吧，不論是自己特別喜歡的上等餐具，或是客人專用的高級盤子和高腳杯，不要一直放在架上，平時就隨意自在地使用吧。

美麗的紅酒高腳杯

Wedgwood的紅酒高腳杯，厚度恰到好處，一對約三千日圓。這種東西可不能只拿來當禮物。

11° 電鍋、微波爐也要斷捨離

廚房裡有許多看似理所當然的工具，既然有就拿來用，要是沒有也不覺得困擾。家電便是其中之一。

六年前，我斷然捨棄了微波爐。原本就不常用來加熱，也不做烤箱料理，烘焙與燒烤功能毫無用武之地。微波爐料理風行時，諸如電磁波問題或破壞食物組織等疑慮眾說紛紜，我終究沒有嘗試。

雖然辛香蔬菜是切末冷凍保存，也用不到解凍功能，我通常會直接丟進鍋子，或是任其自然解凍。

最後我領悟到：「我不需要微波爐。」

只要有平底鍋與鍋子，就能完成大多數料理。若有壓力鍋就更完善了。繼微波爐之後，三年前我也毅然捨棄了電鍋，現在只用最愛的 Le Creuset 鍋子煮白米飯。雖然不像電鍋按下開關就好，但是用鍋子煮飯，其實既簡單又美味。我沒有攪拌器或手持式打蛋機等小型家電。不僅如此，我也不用電熱水瓶了，現在是用水壺煮水。

冰箱實在無法斷捨離，尺寸倒是可以考慮。有人告訴過我：「原本想買更大的冰箱，但是做了斷捨離、清理內部空間後，卻買了小一號的冰箱。」

廚房家電需要保養，而且擺放家電後，空間會產生死角。各位都知道「看不見廚房的水平面＝難以清掃」的公式，沒了各種家電，廚房便寬敞許多。

如此一來，就可以用喜歡的器具或花草好好裝飾了。

變得非常寬敞

廚房裡沒有像電鍋和微波爐等廚房家電。由於沒有死角，能徹底清掃每個角落。

容器最多九個
不要過度囤積

12° 空的密閉容器放進冰箱保存

塑料容器曾經風行一時，各位的家裡或許也有。我曾經在學員的家裡看到好幾十個，也在別人的冰箱裡看過塑料容器裡的小黃瓜都泡爛了。

我在斷捨離研習會問過大家：「你們在塑料容器裡面裝些什麼？」有人回答：「在塑料容器裡面又裝了塑料容器。」我再問：「那麼，裡面的塑料容器裝了什麼？」結果還是得到「裝了塑料容器」的回答，宛如一層層的俄羅斯娃娃呢。

因此我說：「塑料容器是用來裝什麼的呢？是食物吧？可是實際上卻裝了塑料容器。」每個人都用力點頭。大量未使用的塑料容器需要特別收納在一個架子上，怎麼想都覺得奇怪。

我的做法是將空的密封容器放在冰箱，利用冰箱的空間做總量管制。所謂總量管制是「放不下了，所以停止增加數量」。需要用到密封容器時，就從冰箱取出，用完清洗後再放回冰箱。數量總共九個，容器與蓋子分開疊好，簡潔地集中在一處。

比起密封容器，我更常使用夾鍊袋。夾鍊袋的好處是透明，可以看見內容物。如果看不見裝了什麼，就會忘了它的存在，導致食物一直在冰箱深處沉睡。

我也用夾鍊袋冷藏存放白米。現在我都買兩公斤的米，一開始連同米袋放進冰箱的蔬果室，等到米量慢慢變少，就將白米裝進夾鍊袋。

隨著分量減少，換成較小的容器，時時讓內容物與容器的尺寸保持一致。

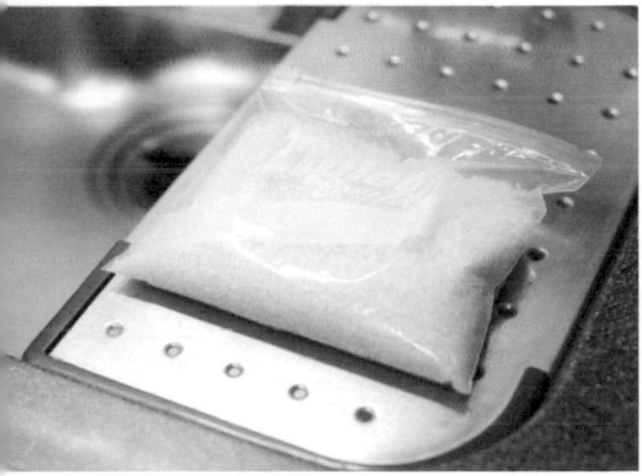

白米也放進冰箱保存

裝進夾鍊袋保存。配合剩餘量，從大袋子換成小袋子，讓冰箱維持清爽美觀。

冰箱的收納如圖所示

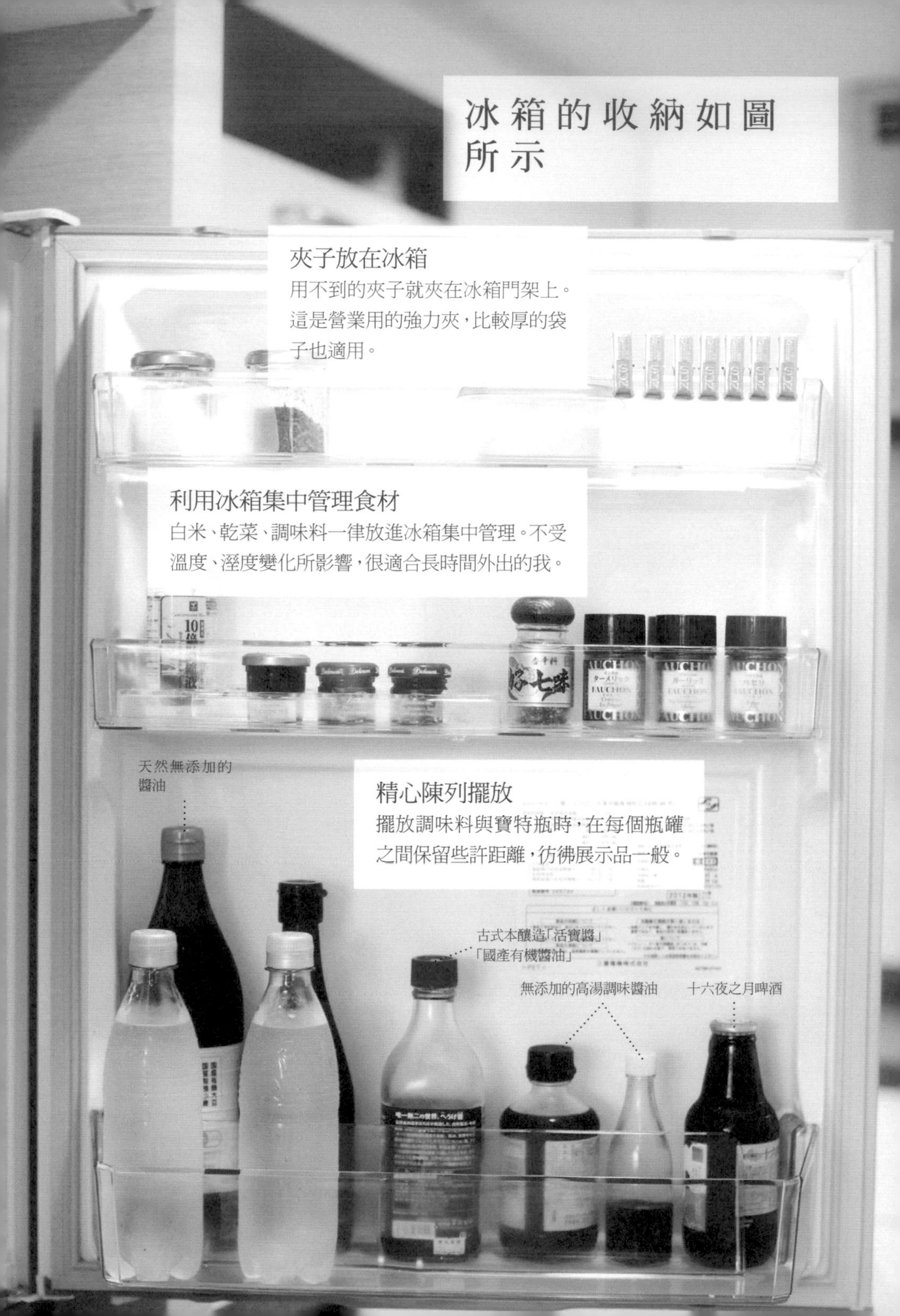

夾子放在冰箱

用不到的夾子就夾在冰箱門架上。這是營業用的強力夾，比較厚的袋子也適用。

利用冰箱集中管理食材

白米、乾菜、調味料一律放進冰箱集中管理。不受溫度、溼度變化所影響，很適合長時間外出的我。

精心陳列擺放

擺放調味料與寶特瓶時，在每個瓶罐之間保留些許距離，彷彿展示品一般。

天然無添加的醬油

古式本釀造「活寶醬」「國產有機醬油」

無添加的高湯調味醬油

十六夜之月啤酒

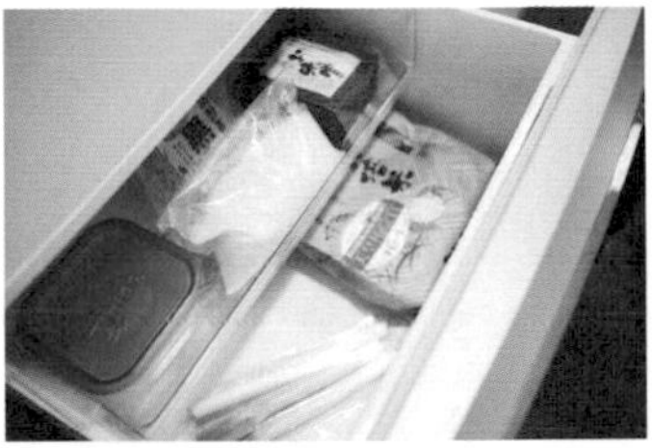

白米和味噌放在蔬果室

打開蔬果室的抽屜時，各種食材一目瞭然。原則是「不要疊放」。馬上要煮的蔬菜就放著，沒用完的食材以透明容器保存。

空的密封容器

容器與蓋子分開，整齊疊放在冰箱裡。這裡未使用的容器有八個。

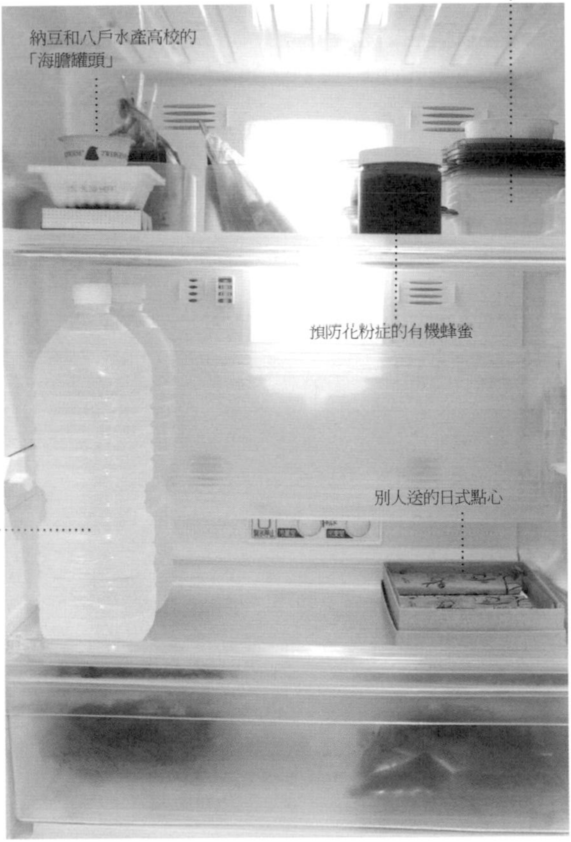

撕除寶特瓶身的標籤

我喜歡喝Gerolsteiner的氣泡水。標籤的用途是販售商品，在冰箱裡看到了只會覺得礙眼。

食材如果用不完
就切碎放進冷凍庫

13° 每次只買剛好足夠的分量

我的日常飲食以蔬菜為主。冰箱裡有什麼，就即興做個什麼料理。食譜雖簡單，卻能滿足胃與心靈。為了不讓蔬菜放到腐壞，我盡量採買能吃完的分量，堅持冰箱裡的食材要用完。然而，並非每次都能做到……

今年初夏，我預感將迎來酷暑，買了三根一百日圓的小黃瓜。可是氣候並不如預期般炎熱，日復一日錯過了吃小黃瓜的機會，它們就這樣躺在冰箱的角落靜靜地腐爛。既覺得可惜，內心也充滿懊悔與歉意……罪惡感以遠遠超過一百日圓的強度不斷襲來。

以前也不是沒有多於一百日圓的無謂浪費經驗，為什麼這次會有如此不可思議的心情呢？因為小黃瓜並非無機質而是有機質，浪費蔬菜讓人有更強烈的感受。

因此，用不完的蔬菜我會一一切碎冷凍保存。冷凍庫裡有蔥、慈蔥、蘘荷、秋葵……等等各式種類繁多的辛香蔬菜。蔥這類水分多的食材，大約冰一小時後拿出來搖晃一下，可以避免它們凍結在一起。這樣不但保存得比較久，做料理時也更方便。

不適合冷凍保存的食材，就分送給別人。與其吃不完丟掉，不如在食用期限之前和大家分享。

有些人不把冰箱塞得滿滿的絕不罷休，尤其是我們父母那一輩。他們或許是迫不得已，小時候經歷的貧困生活養成了囤積習慣。但是，冰箱塞得太滿，很容易重複購買已有的食材，結果還沒吃完就壞了……

一起來體驗食材用完，冰箱清空的爽快感吧！

蔬菜切好放進冰箱

切成小塊或切末保存，作為料理的主角、配角、配料都很好用。上方是甜椒、蔥，下方是蘘荷、秋葵。

選用合適的餐墊紙
讓心情更興奮

14° 以餐墊呈現食物之美

美食的表演是一切——這是我的座右銘。

美食是用眼睛享受的，關鍵在於如何裝盤、如何提供。即使享用的是高級螃蟹，如果放在紙盤上，看起來就變得很乏味。

餐墊有個重責大任：和裝盛料理的器皿共同呈現食物之美。比起直接放在餐桌，在器皿下鋪一張餐墊立刻能使料理升級。

我在家準備了紙餐墊和金屬餐墊。紙餐墊是在美國西雅圖的家居用品商城買回來的，四十張組約兩千日圓。這種類型在日本不常見，街上的複合式精品店偶爾會進貨，一看到我就會買。

金屬風的餐墊是宜得利的產品，一張三百日圓，設計感與使用感無可挑剔。若是青山附近的家飾店，類似餐墊一張要價三千日圓。想要購買小物或織品時，宜得利非常好逛。

以前我用過布餐墊，但是沾上布料的汙垢讓我很在意。洗到褪色的亞洲風布料雖然別有一番風味，不過和我的餐桌不太搭調。

金屬餐墊就算沾了食物只要輕輕一擦就好，也可以拿去刷洗。由於沒有花紋，無論任何器具和料理，它都能如油畫布般襯托出質感。

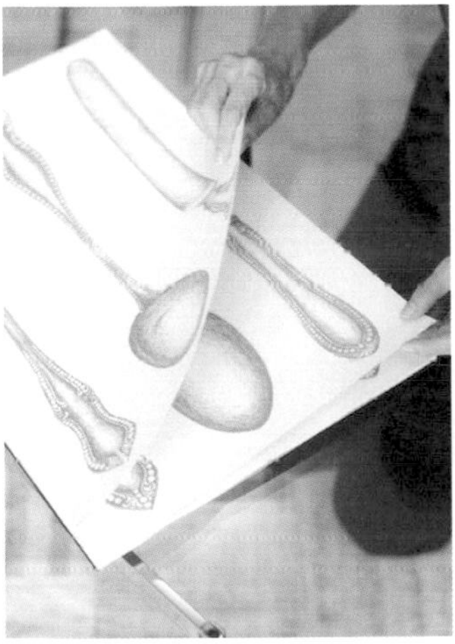

讓人愉快的餐墊紙

在美國西雅圖買的餐墊紙，尺寸相當寬大。動感花紋和簡樸西式餐具的組合堪稱絕配。

一個人吃飯
更需要用心擺設

15° 將一人份的餐點放在托盤上

呈現食物之美，不應限於招待客人的時候。一個人生活時，更應該經常在日常飲食中「款待自己」。

獨自生活的人，很容易只為了裹腹而隨便亂吃。盒裝食物買來後就直接吃，迅速地扒完，徒留一股空虛感。這已經不是吃飯，更像餵飼料了。所以每次用餐，我一定使用喜歡的餐具，擺個筷架，放一只高腳杯……即使一個人，也要費心呈現。

這時，托盤經常用來取代餐墊。在廚房裡將一人份的餐點擺上托盤，直接端上桌。看著整齊擺放的食物，不禁挺直身體，萌生一口一口品嘗的食欲。餐後收拾也很輕鬆，直接將托盤拿進廚房就行了。

孩子長大獨立後，開始獨自生活的學員這麼說：

「以前煮的都不是自己想吃的東西。」煮了幾十年的菜，都是配合丈夫、孩子的喜好，現在總算感受到「為自己做菜」的喜悅。開心地做菜，經常邀請朋友來家裡玩，如今終於享有了這種自由。

喝酒也是如此。雖然有人說：「一個人喝酒很寂寞。」但是我喝酒的方式非但不空虛，反而是享受。

以啤酒來說，比起罐裝啤酒，我會選擇看起來較別致的瓶裝啤酒。

收到別人送的一升裝酒類，我會先裝進玻璃酒瓶，飲用時再倒進玻璃杯。在家舉辦派對時，玻璃酒瓶宛如一幅畫。順帶一提，日本酒之中我最愛吟釀，大吟釀如同葡萄酒般的果香也十分美味。

偏愛手沖咖啡

咖啡機已經斷捨離了，現在喜歡手沖，細細品嘗不同產地的咖啡豆。

招待大批客人時
也能輕鬆上菜

16° 美味料理要用配料點綴

前文提到「美食的表演是一切」，而我的終極手法就是配料。料理一定要用配料蒙混——喔不，是點綴。請叫我配料女王。

芝麻、海苔、小魚乾等乾菜類配料，裝進小瓶子裡冷藏，只要看一眼就能浮現許多料理點子。蘘荷、薑、青紫蘇等辛香蔬菜放進冰箱，或是切碎後冷凍保存。日本的草本植物辛香蔬菜能為食材解毒，促進消化吸收。

在此要推薦我昨天製作的料理，名為「番茄風味燉煮炸豆腐」，主角是冰箱裡剩餘的食材——舉辦家庭派對時沒用完的煎炸豆腐。

1. 煎炸豆腐與切成月牙形的番茄，以清淡的高湯醬油燉煮十五分鐘。
2. 盛裝三片燉好的炸豆腐，周圍排放番茄。
3. 滿滿灑上切成碎末的慈蔥與蘘荷作為配料。

番茄燉煮後，可以熬出十分美味的湯汁。搭配秋葵與柴魚，風味更棒。將這道料理淋在蕎麥麵上，就變身為蕎麥沙拉。這道料理本身就是絕佳配料。

招待客人時，我會將配料料理盛裝在大盤子裡，不採取一道菜用一個小盤裝的懷石料理風格。我的做法是大盤菜餚一一上桌，讓客人隨意取用，以「根據您的胃口與喜好，自己酌量享用吧」的想法來擺設餐桌。

在南非購買的長方形白色大盤子，以及在沖繩壺屋陶器通購買的陶盤，經常在招待客人時派上用場。

經常用於派對的盤子

遠從南非帶回來的三種尺寸的盤子。這套餐具打破我「不重疊收納」的原則。

17° 廚房的角落就用最愛的器物裝飾

位於那霸市的壺屋陶器通，與觀光客聚集的國際通之間有一小段距離，許多店家在此林立，販售已有三百年傳統的壺器與陶器。而馬路的一角，店面那具有魄力的沖繩獅水墨畫召喚著我走進去。我與女店主意氣相投，不由得掏出腰包。

第一眼看上的陶器，是店主自用的非賣品。我指著它，表達自己很想買下的意願，結果店主爽快地答應了，還說：「物品能待在喜歡它的人身邊是很幸福的。」那件器具其實是店主受某位創作者所託，保管了四十年的東西。因為作品形狀有點歪斜，不適合公開展售。此後，它一直窩在這間店的角落，不知不覺間成為店主的私人用品。

擦拭灰塵後遞到我眼前的器具，不正是號稱壺屋三名家的知名陶匠，已故的小橋川永昌〈仁王〉的作品嗎？原本是非賣品，若想購買，也是好幾位數的驚人價錢，慷慨的女店主卻以難以置信的低廉價格爽快地轉讓給我。

我的原則是「廚房的水平面上只放一只水壺」。不過，它讓我願意和水壺一起當作擺設來欣賞。

平時放在廚房一角，用來盛裝點心或當季水果。款待客人時，就會氣派地端上餐桌。

中西日各式料理都很合適，真是可靠的器具。

不完美的魅力

我喜歡形狀有點歪斜的器具，溫暖的感覺特別吸引人，九谷燒、壺屋陶器都是如此。

第2章

「衣」的空間

以衣架數量
控管衣物總量

1° 時時幫衣櫥新陳代謝

衣服和食物一樣，「當季」的最美味，充滿營養與能量。衣服如同生魚片，衣櫥必須一直確保新鮮空氣循環的空間。

我家寢室裡的大壁櫥，有一根ㄇ字形的鋼管，左邊是交感神經用途的衣服，右邊固定是副交感神經用途的衣服。

所謂交感神經用途的衣服，就是因應各種情況，刺激交感神經讓情緒亢奮的衣服，主要相當於工作服。而副交感神經用途的衣服，是讓心情平穩放鬆的衣服，也就是便服、室內服和睡衣。

衣櫥正中間的鋼管基本上是淨空的，只懸掛隔天要穿的衣服，空出來的衣架也掛在這裡。我藉由這些空衣架來管控衣服的總量。所謂總量管制，就是停止增加數量。標準是空出了一根衣架時，才能再買一件。衣架的數量，相當於衣櫥內可運用的空間。

衣架也要挑選好看的。以前洗衣店提供的是難用的鐵絲衣架，最近則以結實的黑色衣架為主流。不同的店家，形狀略有差異，若覺得不適用就歸還。

我的衣櫥裡，交感神經用途的衣服有六套，副交感神經用途的衣服也是六套，再加上睡衣。建立的循環總量不會超過此限。大部分的衣服一到兩個月就結束週期，其中也有穿了好幾年的連身洋裝，但除此之外，衣櫥裡都是新穎、有登場機會的「生魚片」。

如果不想經常穿出門，就乾脆地放手。設想贈予的對象，再不斷地添購。衣服不停地換季。

各位覺得不斷地淘汰很浪費嗎？不，真正浪費的是和衣服搏鬥的時間，管理、收納的空間，以及耗費的精力。生魚片的鮮度是最重要的。

寢室裡的衣櫥設計成ㄇ字形。

所有衣服都以吊掛收納，送洗回來就直接掛上去。
幾乎不需要耗費從衣架取下、折疊、收納的工夫。

T恤也用衣架收納

衣櫥右邊的鋼管是便服與睡衣的空間。清洗晾乾後直接移到衣櫥，管理起來毫不費力。

衣籃 ②

襪類籃

沒有蓋子，有幾雙襪子、褲襪、絲襪一目瞭然。

衣籃 ①

內衣籃

衣櫥右邊下方由近到遠是內衣籃、襪類籃，左邊是包巾籃，一共三個籃子。

工作服掛在左邊

包括兩件式套裝、夾克與連身洋裝等，拿取相當方便。

中間是隔天要穿的衣服

中間只掛隔天要穿的衣服。上層是換季收納的棉被，不使用壓縮袋。

衣籃 ③

包巾籃

目前有三條，以呈現布面的方式折疊收納。

破除棉質迷思
重視看不見的地方

2° 穿上提升魅力的高級內衣

「我穿一件五千日圓的內褲。」聽到我這麼說，是否覺得驚訝呢？以前我有三件棉質內衣，因為深信「為了健康，內衣要穿棉質的」。某天，有一位老師建議我買高級內衣，從此有了轉變。

這位老師是身體研究家三枝龍生。他曾在自己的書中提到：「要重視看不見的東西，讓潛意識感覺到出場機會。邏輯上不可能發生的奇妙事件，機率將會大幅提升。」

這種想法非常符合斷捨離，我不禁深深地點頭。將別人目光不及之處打理得舒適暢快，潛意識也會變得舒適暢快。我平時就切身感受到這一點，並且確實實踐。

努力整理衣櫥與壁櫥，排水孔也刷得很起勁，為什麼唯獨沒有注意到內衣呢？「不應該只著重健康，也要重視魅力！」豁然大悟的我，切換成戰鬥模式奔向百貨公司。我挑選的並非棉質也非絲質，而是尼龍布料的內衣，包括一件襯裙、兩件內褲和三件胸罩，總共花費十萬日圓。「竟然這麼貴？」儘管一時之間有點退縮，但這時可不能認輸。

到目前為止的三年內，我敢斷言它們有十萬日圓的價值。最驚奇的一點是，即使每天清洗也絲毫沒有破損。

便宜的內衣很快就會洗壞，採買的頻率也會提高，但是好東西果然不一樣。我請店員協助挑選，穿著時感覺也大不相同。

穿著高級內衣，就像藏有祕密，令人心情愉悅！

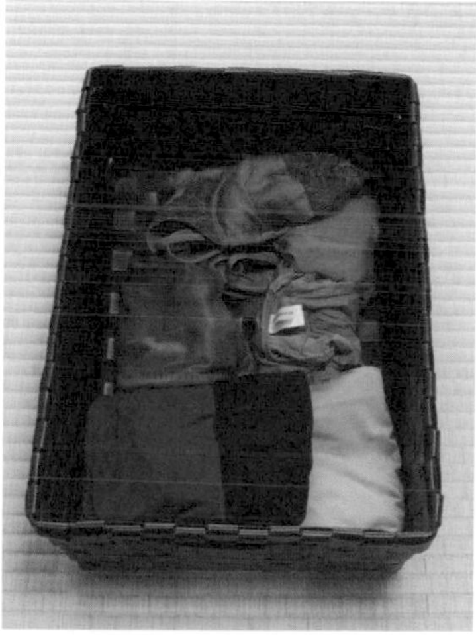

所有內衣都在這裡

共六件內褲、三件胸罩、三件襯裙。正因為別人看不見，更要選擇喜歡的高級內衣。

還能穿？
不，已經不穿了！

3° 襪子放在無蓋的籃子裡

我的衣櫥裡有絲襪六雙、褲襪三雙、襪子三雙。我對「三」這個數字有點執著。以陰陽學的觀點來說，偶數為陰，奇數為陽。此外，老子說過：「一生二，二生三，三生萬物。」我接受這些說法，任何事都以三的倍數決定。

去學員的家裡拜訪時，我總會看到抽屜裡塞滿了大量絲襪和褲襪。起毛球和有破洞的褲襪，以後應該不會再穿了吧？這類東西在斷捨離的第一階段「會不會用到？」就能毫不猶豫地放手吧。

那麼，只穿過一次的流行彩色褲襪，或是有點舊卻沒有破損的絲襪呢？雖然不至於完全不能穿，但也不會主動找出來穿，這類東西在斷捨離的第二階段就以「想不想使用？」來感覺一下。絲襪在超商也能輕易買到，丟掉了也不會有很大的負擔感，很適合用來當作斷捨離的訓練。

所有的褲襪、絲襪和襪子，我都收在無蓋的籃子裡，不但容易取出，也便於收納。要是有蓋子，褲襪塞進去後，蓋上蓋子便看不到。因為看不到，就容易忘了它的存在，導致重複購買，持續堆積。

此外，無蓋的籃子對於總量管控也很有幫助。數量不能超出籃子的空間，排列整齊，不要塞得滿滿的。

丟掉舊東西，再買新東西。

如此一來，「收拾＝管理」自然成立。東西越少，管理、收納就越不用煩惱。

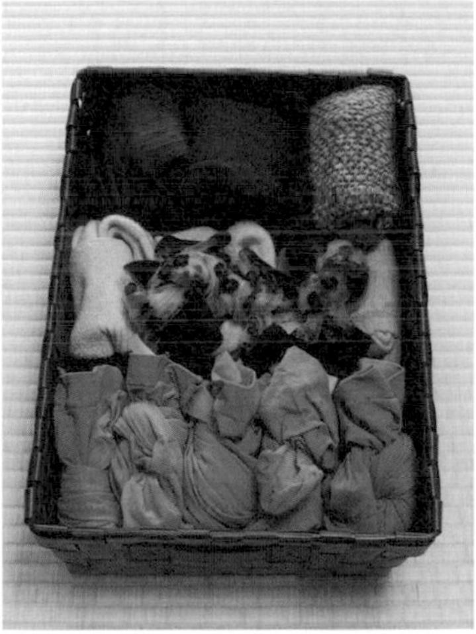

以無蓋的籃子控制數量

利用「俯瞰」來檢視美感，即使還有空間，也別塞得滿滿的。

4° 萬能包巾的特殊魅力

「不讓物品外露」的細膩幽雅，正是日本的美好傳統。日本自古便有包裹、包裝的文化。想要打包東西時，立刻取出一條包巾，是不是很瀟灑？包巾和日式餐具一樣，千變萬化，沒有限定的用途，容量也可變化，而且花紋之美可謂出眾。折好收入手提包體積不大，包好拿在手裡便宛如圖畫。

我有三條包巾，大多是旅行時「命運的邂逅」，也有等待登機時在羽田機場買的。

最大的包巾，是紅底點綴兔子圖案。「我想要兔子的圖案。」當我持續這麼想時，就在某間布店遇見了。它的質料厚實，相當大片。我用它來包和服，一年難得用到幾次。

另外兩條包巾，在旅行時很好用。大的用來包換洗衣服，小的則是包內衣和小物品。這樣一來，放進行李箱時就不會散亂或外露。

使用包巾的訣竅是對角線的兩邊不要綁緊，要像包裝紙一樣，將邊角折疊包好，形成一個四角的包裹，剛好可以收進行李箱。從行李箱取出包巾時，或許會吸引旁人的目光焦點呢！

儘管非常耐用，不過旅行專用的那兩條開始變得鬆垮，所以最近想再買一條新的。好喜歡在日常中理所當然地使用包巾的生活。

三條愛用包巾

大的邊長一百二十五公分，小的邊長八十八公分。用途很廣泛，因此樂趣更多元。

5° 不為特殊場合準備衣服

一年之中，偶爾會遇到婚喪喜慶的場合，但是我並沒有特別為這些情況準備衣服。以晚禮服來說，如果每次參加宴會都買新的，費用想必相當可觀。但是如果每次都穿唯一的那一套，就會淪為「那個在宴會上老是穿同樣衣服的人」。

因此，晚禮服我都用租的。找幾個身形相似的友人一起分攤，就可以毫無顧慮地租借。如果你不喜歡向朋友租借，利用服裝出租店也是好方法。

喪禮也一樣，我沒有準備喪服。我會買每一季流行的黑色套裝，平時可以穿在身上，一旦需要時便作為喪服。雖然穿和服也可以，但是要為突如其來的喪禮準備和服，難度實在太高。喪服用租借的應該也就夠了。

說起來我是不太出席喪禮的人。親戚的喪禮另當別論，不過我並不喜歡參加。當然悼念死者的心情是有的，但是絕不會出席生前沒有密切關係的人的喪禮。雖然有點抱歉，但我通常只致上奠儀。若是真的很重要的人的喪禮，其實對於喪服也不會有太多意見。

於是，我早已向婚喪喜慶的衣服（也包括婚喪喜慶本身）宣告斷捨離。不過，唯獨對於隆重場合所穿的和服懷抱特殊情感。雖然和服也能租借，我還是盡可能想擁有。

日本人真的很適合穿和服，穿上它，能感受到生為日本女性的喜悅。個子嬌小的人穿長禮服並不好看，穿上和服則會顯得玲瓏可愛，風情萬種。

有點年紀的人，穿上和服會更優美。華麗的和服可以藉由素雅的衣帶降低豔麗程度，樸素的和服也能藉由衣帶變得華麗。我從十年前開始學習茶道，經常歡欣雀躍地穿著和服參加茶會。一開始不太瞭解，試了很多便宜貨，現在懂得精心挑選，包含夏季和服共有五件。

6° 衣服每個月汰舊換新一次

雖然家裡的衣服不多，但是我會一直換穿新衣服，這是確保衣櫥空間並且跟上流行最理想的做法。現在衣櫥裡的工作服共有六套，主要是連身洋裝和夾克以及兩件式套裝。每個月我會淘汰三套，再買三套。也就是說，一套衣服搭配穿著的週期大約兩個月。在這段期間內盡量穿出門，然後無牽無掛、滿懷感激地放手。

衣服具有能量，也就是「氣」。

「氣」有許多種類，例如季節的「季」，表示時代潮流或趨勢的「機」，或是更充滿感情的「喜」、「輝」、「奇」等（譯註：日語發音皆為「ki」）。感受到強烈的「氣」的衣服，就是對自己而言最好的衣服。去年的衣服看起來有點舊，也許是因為洗過褪色，但其實是「氣」消失了。

顏色也具有「氣」。我發現自己在工作時喜歡穿橘色系或黃色系衣服，也就是所謂的維他命色系。在色彩心理學裡，維他命色系會散發陽光般的明亮與快活，的確是我此時心情的象徵。同時，色彩具有轉換心情的力量，這也是千真萬確的事實。

我買工作服的頻率是每月一次。每個月去剪頭髮時，就順便繞到同樣位於青山的商店晃晃。我在購物方面沒有特別認定的品牌，不過最近常去專賣法國進口服飾的店家，以合理價格買到僅此一件、富有設計感的衣服。一邊購物，一邊聽取熟識店員的建議，度過愉快的時光。

常有人問我：「你這麼清心寡欲，應該對購物沒興趣吧？」這誤會可大了。我最愛買東西了，甚至經常感到挫折，因為在店裡覺得非買不可的東西，有時回到家才發現不太滿意。

但我還是要說，購物本來就會失敗。「明知不能買，但還是買了……」不必感到內疚，盡情享受包含挫折在內的購物樂趣吧。

7° 便服一定要認真挑選

胸口微敞、有點性感的服裝，微微透明的白色蕾絲棉衣……便服的挑選真是一門挑戰。不是把外出服拿來當成便服就好，必須精心挑選自己覺得舒適的衣服，最好是花俏、豔麗、會讓人聚焦在身體線條的「成熟女性」風格。

雖然我現在這麼想，但是以前我只穿黑和白兩種顏色，而且總是褲裝打扮，在家穿運動服也無所謂，距離「成熟女性」的風格相當遙遠。

開始穿上亮色系衣服與裙子，是我五十多歲之後的事。

這麼驚人的改變，是拜斷捨離之賜。為了推廣宣傳「斷捨離」，必須經常面對人群。曾經受到一個電視節目邀請，我穿了平時的衣服去參加，一看到其他人的時尚打扮，我深受震撼，心想：「原來在電視上要穿得這麼華麗啊！」當時深刻體悟到，必須挑選能在別人心裡留下強烈印象的服裝。

我並不喜歡引人注目。我很容易意識到變得出名之後的負面影響。不過，我開始將思考模式轉換成「享受當下」。於是，連服裝也變得「符合當下」。明亮的印象果然是必須的，自從穿上明亮的衣服之後，身邊的人紛紛稱讚：「很適合你呢！」於是我更加起勁，穿著越來越華麗。

各位聽過「周哈里窗（Johari Window）理論」嗎？每個人有四扇窗：1.自己知道，別人也知道的自己；2.別人知道，自己卻不知道的自己；3.別人不知道，自己卻知道的自己；4.自己與別人都不知道的自己。

過去我是「自己知道，別人也知道的自己」。隨著生活風格改變，遇見的人事物越來越精彩豐富，挖掘了更多「自己不知道的自己」。也因此發現，「適不適合」不過是自己的主觀認定罷了。

8° 睡覺時穿白色棉質襯衫

雖然不至於像瑪麗蓮・夢露一樣「只穿香奈兒五號睡覺」，但我也想當個時髦成熟的女性。穿上何種衣物，最能以自己的風格入睡呢？

我不穿睡衣。正確地說，我不會去買睡衣這種商品。一般睡衣穿起來總覺得孩子氣，事實上這種設計也不適合成熟女性。此外，我也不喜歡女用睡衣。我的睡衣（睡衣這一詞也不時髦）勉強算是「慵懶優雅」的服裝，也可以說是「享受睡眠的休閒服」。

睡覺時，我喜歡穿輕柔的白色蕾絲棉質或絲質長襯衫。觸感好又舒適，不帶情色卻有幾分風情。夏天穿無袖，冬天則是長袖。輕柔的襯衫底下，搭配緊身褲和短褲，上下共三套。因為每天清洗，數量不需要太多。

之所以會喜歡白色蕾絲棉衣，是受到去世的姊姊影響。她很喜歡白色襯衫，衣櫃裡有很多百分百純棉或絲質的漂亮襯衫。姊姊一向是個感受性強、喜愛時尚的人，開始賺錢後，終於實現從小的夢想，一直買衣服。她婚後住在德國，比起日本，更能以較低的價錢買到新衣服。她五十二歲就過世了，留下大量的襯衫。我把這些襯衫剪裁拼接成布織畫，用來裝飾牆壁，後來再請拼布創作者川之上佐代子女士幫忙修改縫製成抱枕套。儘管我和姊姊感情不親密，仍能藉由身旁遺物連結情感，也算是表達對姊姊的敬意。

最愛的一件

雖然不是「香奈兒五號」，但我睡覺時採取「無褲健康法」，讓身體從內褲的鬆緊帶解放。

9°
一個冬天，兩件大衣

冬天時，我會輪流穿兩件長版大衣，一件是簡單基本款，另一件是具設計感、滿足樂趣的大衣。

基本款大衣是常見的黑色。我現在這件 Max Mara，原價十分昂貴，卻透過網路購物以驚人的便宜價格入手。網購的缺點是無法試穿，這次運氣不錯，剛好合身。確實值得冒險。

基本款大衣從入手到脫手的週期大約二至三年。最近我都買黑色的，下次想挑戰白色。只要有一件基本款大衣，就可以大玩搭配鮮豔圍巾的遊戲。有些人的圍巾數量之多，令人不禁心想：「你到底有幾個脖子？」至於我呢，只有兩條，是觸感很好的喀什米爾羊毛材質。

另一件大衣要依設計挑選，重點是享受「盼望寒冬」的樂趣。雖然防寒性很重要，但是挑選時應該更重視附加價值。我這次選的是羽絨大衣。羽絨容易有便裝的感覺，但是這件大衣十分優雅。厚重柔軟的領子上有個可愛的裝飾，乍看像是帽兜，深深吸引了我。只要披上這一件大衣，就覺得充滿了冬季氣息。

這件大衣的週期更短，約一到兩年。我是在比快速時尚高檔一些，卻不算高級的店家挑選的。最近，我經常去逛全日空飯店裡的 ABISTE。聽到是飯店設附的商店，或許你會想：「不會很貴嗎？」事實上，價格很合理。此外，我只在折扣季下手，五萬日圓的大衣約莫半價就能擁有。

我的服裝在一年內幾乎沒有變化。只會在無袖上衣外面再披一件，天冷時就加一件，炎熱時就減一件。無論如何都是長版大衣與長靴，再加一條圍巾。這就是我固定的冬季時尚。現在很多地方連室外都有暖氣設備，不用每個季節完全換季。這項習慣逐漸消失，總覺得有點落寞呢。

第3章 「睡」的空間

寢室的首要條件是
安全與安心

1° 只放讓人能「愉悅入睡」的物品

寢室是安心睡眠的空間。由於日本是地震大國，所以最重要的是避開物品掉落的危險。床的附近不能有東西，如果擔心衣櫥會倒下、書本會崩塌，就不可能安心入睡。儘管我也會在牆上掛畫，但是與床鋪保持了一段距離。能安心入睡的空間是必要條件。

另一個重點是，在浪漫的氣氛裡入眠。「睡眠」二字，包括了入睡前與睡醒後的時間。充滿異國情調與浪漫的物品，可以引導我進入甜美的夢鄉。

能夠讓我感受這種浪漫氛圍的物品之一，是位於窗邊的長頸鹿擺飾，兩隻目光溫柔的長頸鹿相親相愛地依偎在一起。這是在南非購買的。

床邊則放了一尊佛像。在不丹國立美術館一看到漆黑女神像，我就深深迷上了。我詢問導覽員：「這在哪裡可以買到？」他表示：「店家並未販售，必須訂製。」我立刻委託製作。然而，本應漆黑的女神像卻變得色彩鮮豔，華麗燦爛。「不應該是這樣啊！」儘管我在心中吶喊，還是將它卻放在枕邊。

此外，牆上掛了在秘魯街上購買的風景畫。我在不丹與秘魯旅行時，受到他人勸誘，深入觀光客一般不會踏入的內地，如今看來是正確的選擇。儘管當時心想：「以後再也沒機會了吧？」後來卻再度造訪了。或許正是這樣的地方，更能讓人感受到浪漫吧。

充滿浪漫風情的畫

這是在秘魯街上偶然發現的。相較於客廳裡「交感神經的畫」，寢室裡的掛了讓心情平穩的「副交感神經的畫」。

即使經常打掃
還是會有灰塵

2° 帶腳的家具讓打掃更輕鬆

我家的家具基本上都是有腳的，床也一樣，我不買那種下方附收納抽屜的類型。其實以前也曾用過，可是一想到自己睡在收進抽屜的垃圾上，總覺得喘不過氣。帶腳的家具，與地板之間保有一個空間，能促使「氣」的流動循環。

我現在用的是石川縣生活藝術工房的榻榻米床。床頭櫃則是和書房裡的書桌、書架一樣，都是以堅固耐用的核桃實木製成的。

帶腳家具最大的優點，就是容易清掃。即使每天打掃，多多少少也會有灰塵。我的寢室只擺了少少幾件家具，灰塵量就難以置信了，那麼若是家裡堆滿了東西，會累積多少灰塵呢？

以前我很討厭打掃，會興沖沖地開始清潔、擦拭、刷洗，是在努力斷捨離之後。東西一減少，原本藏在各處的灰塵都現形了。

現在清掃工作是由掃地機器人 Roomba 負責。為了讓它自由行動，地板上不放任何東西。然後，我會將地板擦得亮晶晶。一旦體會過這種爽快感，打掃將變得更有趣。

讓人想要主動打掃的另一個重點在於，是否打從心底覺得這個地方是自己的歸屬。打掃也有助於促使人與空間的關係變緊密。與物品的關係，與空間的關係，與人的關係，三者相互影響，到達最佳狀態。

每減少一樣東西，心情會變得更輕鬆，打掃起來也變得更愉快。如此一來，一定會比之前更喜歡「自己的家」。

具有整體感的家具

書房的書桌和椅子，左邊的電視櫃和床鋪都是生活藝術工房的訂製品。

堅固耐用的書架

書架也是訂製品。即使每件家具形狀用途相異，也能打造統一感。

房間裡連面紙也看不到。

以安全、安心為原則，
床鋪四周不要放任何東西。
或許大家會覺得放個面紙無所謂吧，
然而有一就有二，東西會越放越多。

與床鋪一樣高的床頭櫃

寢室的家具統一成較低的高度。床頭櫃上只擺了一件能讓心情愉悅的裝飾品。

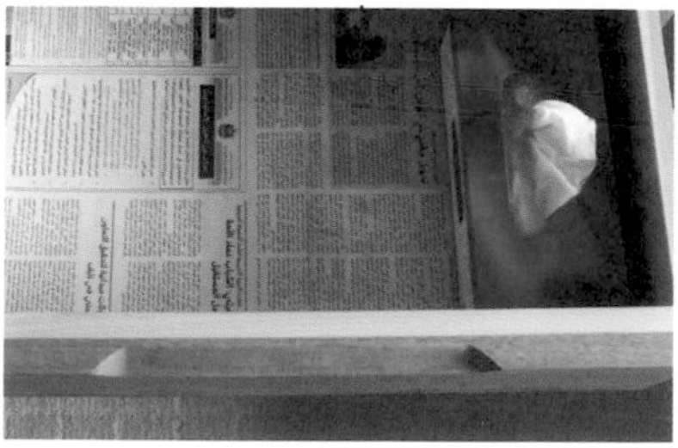

面紙收在抽屜裡

使用頻率高的面紙也要收納，我放在從床上就能搆到的抽屜裡。

首飾珠寶以旅行用的
小袋子收好

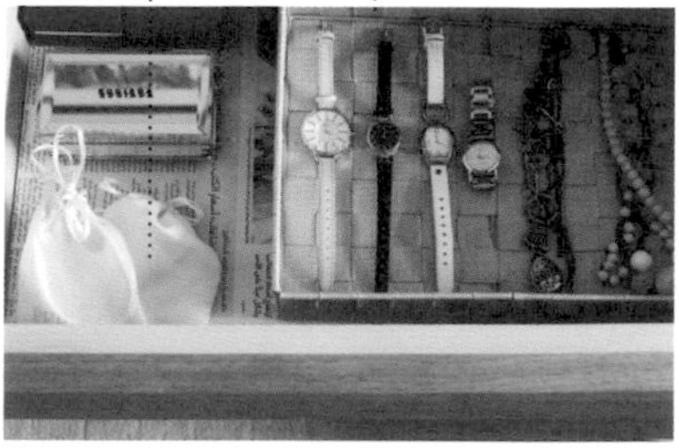

珠寶般的手錶

我很喜歡手錶，每年會買價值一、兩萬日圓的手錶，約一年就脫手。夏天換成白色錶帶，冬天則是黑色，享受搭配的樂趣。

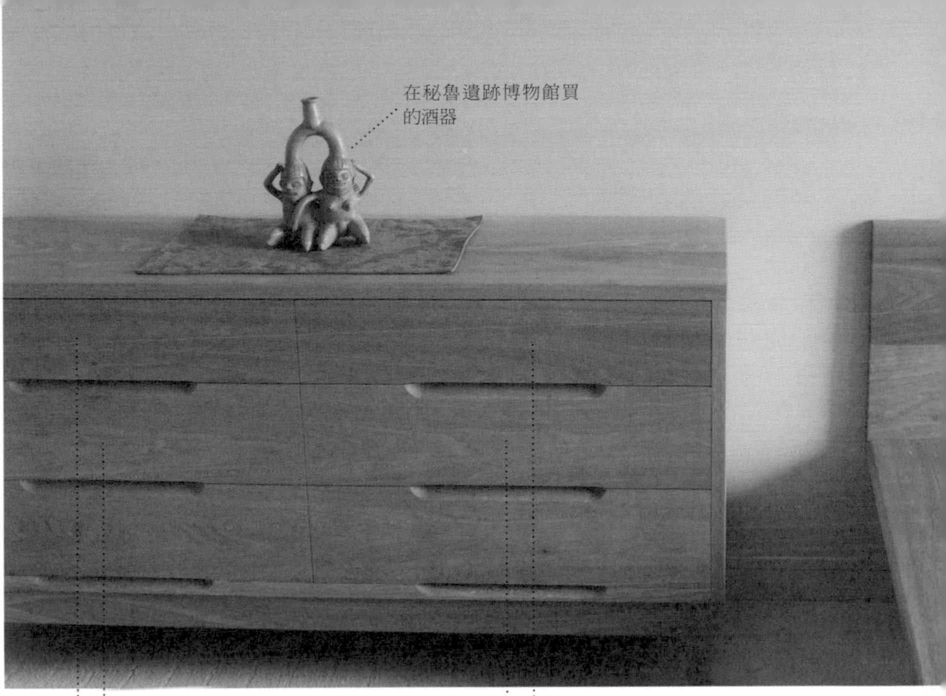

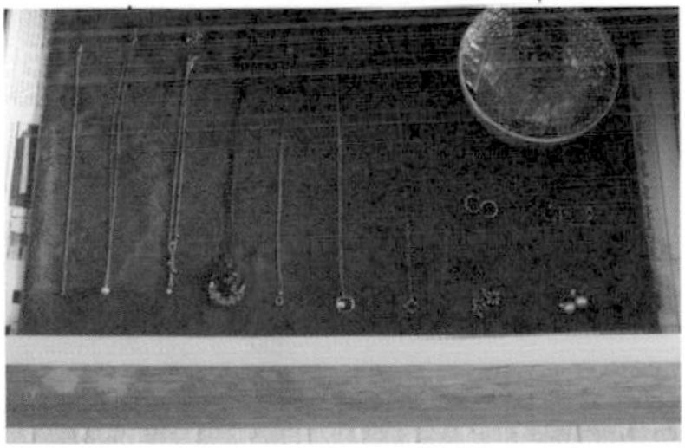

專放飾品的抽屜

飾品放床頭櫃左上方的抽屜裡，下面墊了泰語報紙除溼。

瑣碎的隨身用品

放面紙的抽屜隔壁，收了挖耳棒、棉花棒、指甲剪、袖珍面紙等物品。

不需要珠寶盒
直接放在抽屜裡

3° 相伴一生的首飾配件

我將飾品直接放在櫥櫃抽屜裡，不使用珠寶盒這種誇張的東西。抽屜很適合以「俯瞰」檢視。俯瞰之後，什麼是常用的、什麼是完全不用的，一目瞭然，能激發「繼續斷捨離」的意欲，自然而然減少飾物的數量。

放在抽屜裡的飾品，彼此之間保持充分的距離。與其說是收納，更像是展示。每一件都有寬敞的空間，看起來也很舒服，絕不會發生想要配戴時項鍊的鏈子卻彼此互纏無法解開這類事情。多虧了「俯瞰=展示」，讓人萌生「要好好珍惜」的心情。

我在這個抽屜裡鋪了泰語報紙，除了除溼還兼具美觀。這是我到泰國旅行時，在飛機上拿的報紙。日本的報紙很有生活感，英文報紙也算常見，至於泰語或阿拉伯語的報紙，則因為看不懂而有了一種特殊趣味與異國風情。

飾品之中，我最喜歡耳環。我喜歡項鍊搭配耳環，目前共有三組。後來發現總是戴著相同的組合，頂多偶爾換成珍珠項鍊。我幾乎不戴戒指，因為不喜歡手指與手臂受到拘束的感覺。

前文提到，我的衣服以一個月為週期不斷循環淘汰，對待飾品的態度則完全相反。我會持續使用，讓它們陪伴我幾年、甚至幾十年，直到損壞、厭煩、弄丟為止。

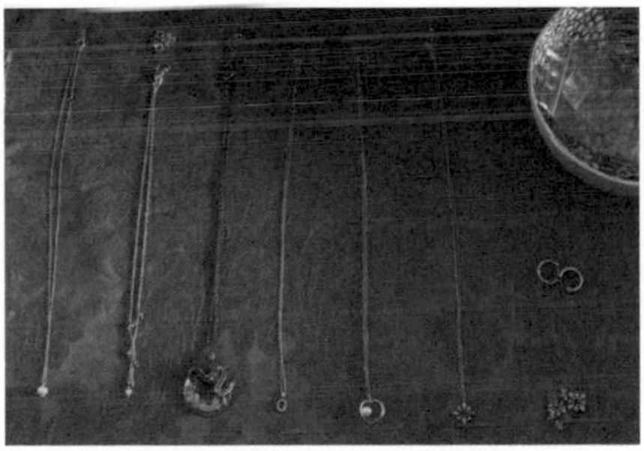

鋪上美麗的餐墊

像這樣分開擺放，項鍊就不會纏在一起。在用來除溼的報紙上鋪一張餐墊，更能襯托每件飾品的美。

棉被每三年換新一次
是最理想的週期

4° 床單三天洗一次

棉被會一天天累積身體的汙垢與汗水，還有塵蟎與灰塵。睡覺時，我們的身體與棉被貼在一起，宛如一體。所以換了棉被，就像沐浴後覺得心情爽快。

床單我以三天一次的頻率清洗，並且半年就換新。墊被與蓋被不用那麼頻繁，但是最理想的週期是三年換一次。

我現在有兩條床單，一條是可愛的白色蕾絲布料，另一條同樣是白色，但較為優雅。我輪流使用這兩條氣氛不同的床單，每一季的尾聲，說聲「謝謝你」便換新。因為週期很短，所以床單、被套與枕頭套都不買價格太昂貴的。以單人尺寸來說，我在宜得利買的床單不到一千日圓。

前文提過的身體研究家三枝龍生老師，提倡搬家、調職或離婚等「轉地療法」，也就是換個環境治病的祕訣。更換床單、棉被，是取代搬家的「轉地療法」之一，藉此讓心情煥然一新。要是覺得換棉被很麻煩，只是清洗床單也很有效果。這種感覺我以前就體驗過，但聽了老師的話變得更加確信。

我家沒有客人專用的棉被。棉被需要空間收納，管理也費工夫，需要用到時又會因為溼氣而無法使用。曾經聽說鄉下大房子的天花板上有三十組棉被，可說是為了棉被在底下生活呢。現在我也不招待客人留宿，如果真的有需求只要租借就夠了。

保持清潔的床鋪

三天洗一次、半年買一次床單與被套。我喜歡品質好、價錢合理的宜得利製品。

第4章「住」的空間

1° 客廳不放沙發

沙發鎮守在客廳裡，對於狹小的空間而言實在很礙事。唯有房子夠寬敞，沙發擺在起來才好看。沙發這種家具，必須有相當大的空間來容納。如果你家的客廳像飯店大廳那樣寬敞，當然沒有問題。此外，沙發不應緊靠著牆壁。

對於這種不太符合日本人生活習慣的家具，我們通常是如何使用的呢？常見的情況是坐在地板上，把沙發當成靠背，上面卻堆了亂七八糟的衣物、雜誌或脫下後隨便一扔的衣服。看到這裡，有不少人心頭一震吧？

我曾拜訪過一間房子，客廳與飯廳相連，另外還有四疊半的榻榻米空間。客廳裡面對窗戶的地方，L字形沙發占得滿滿的。

沒有沙發的客廳

一搬家就想買沙發？我也曾有這種想法。
但是沒有沙發的房間，真的很寬敞舒適。

儘管拜訪時間是早上十點過後，客廳的黑色百葉窗仍然緊閉，室內相當陰暗。我問：「為什麼不打開呢？」結果對方回答：「想要打開百葉窗，就得越過沙發。」

我立刻走過去，打開百葉窗。光線進入室內之後，我看見窗邊有一株與人等高的大型觀葉植物，已經枯萎了。我問對方：「什麼時候枯掉的？」沒想到竟是五年前。

一旁的榻榻米空間，擺了一架不相稱的鋼琴。要是沒有沙發，鋼琴就能擺在客廳裡。榻榻米空間是讓人用來或坐或臥的地方。真的需要沙發嗎？上面堆了很多衣物，雖是上等的皮革製成，但早已老舊破損。

這個房子裡發生了什麼事？其實男主人在二十年前離家，因此離婚了，房子始終維持二十年前的模樣。如果屋內明亮，就會看清現實，但是女主人並不想看見。兒子位於二樓的房間雜亂不堪，可是他絕不走下一樓。這是家具不適合空間引來的重大不幸，簡直可說沙發使人生亂了套也不為過。

能看到水平面的美麗房間

2° 利用窗邊空間營造飯店風格

我家客廳的正中間有一張桌子，沒有椅子，我在鋪了毛皮地毯的地板上，放了幾個坐墊。所有來訪的客人都能充分放鬆，甚至也有橫躺的強者。我想，日本人真的很喜歡閒躺在地上。

因此，我現在沒有飯桌（正確說法是把它用來當成書房的書桌），也沒有難以處理的沙發。這些大型家具，先確認需不需要再開始布置吧。

依此判斷需求，在桌子的水平面不放任何東西，就是美麗空間的重點。越看得見水平面越富足，而越貧乏則越看不見水平面……當然，我指的不是財富。

桌子是最容易讓人想放東西的地方，所以也是最容易展開斷捨離的地方。從今天開始，不斷創造水平面吧！好好體驗空無一物的水平面慢慢露臉的喜悅。

回到我家客廳。我在窗邊放了一組小型桌椅，如同飯店房間一樣，可以在那裡坐著喝杯茶，看本書。這是與客廳那張桌子同類型，玻璃與鋼管的簡單設計。話雖如此，我完全沒有用這套桌椅做任何事。我最常在書房的書桌或客廳桌喝茶，躺在床上看書。

那麼，為什麼擺在那裡呢？因為這是一種擺飾。進一步來說，不論桌椅或照明都是擺飾，讓它們在室內形成一幅畫。必要時，我會坐在椅子上吃飯或做事，但基本上只是單純享受它的存在。在窗邊放一株盆栽，也很令人愉快。

關於照明，歐美近年來普遍流行使用紅燈。我很喜歡白色耀眼的燈光，喜歡在明亮的地方用餐，只在睡前會換成柔和微暗的燈光。燈光對於交感神經、副交感神經會產生直接的影響，我會根據時機、場合與心情，選擇燈光的顏色與亮度。

窗邊放鬆的空間

成套的桌椅旁，照明燈選用同一種材質的鋼材。
放上盆栽與裝飾品，為窗邊營造氣氛。

家裡越凌亂
植物越容易枯萎

3° 植栽與花卉讓家裡生機盎然

前些日子我外出旅行兩星期，期間很擔心家裡的觀葉植物常春藤。一回到家，它果然垂頭喪氣，還好一澆水就復活了。酷暑使得房間相當炎熱，沒想到它還挺得住。常春藤耐旱也耐乾燥，是一起生活的最佳夥伴。

很多學員常說：「以前植物總是養到枯萎，自從開始斷捨離，家裡變乾淨後，就不會有這種情形了。」這是事實。家裡越乾淨，植物能活得越久。原因之一或許是開始有了想好好照顧植物的心情，不過我覺得是房間裡的邪氣減少了。植物會枯萎，是因為吸取了空氣中的邪氣。若是空間潔淨無邪氣，植物自然不會枯萎。

鮮花的生命有限。因為它們有特定的時節，所以能欣賞四季的推移。想想，能仔細地裝飾鮮花真是奢侈的享受。為了讓花開久一點，每隔一兩天修剪莖部末端，看著它慢慢變短。而最後的最後，只有花漂在水上，只要勤於換水，這個狀態也能維持一段時間。

我持續學習茶道，對於茶道的插花藝術感到佩服。其實很簡單，無論哪種花只要一朵，在壁龕就很顯眼。因此，凌亂的房間不能裝飾茶花。

插畫家兼隨筆作家上大岡留小姐曾在書中寫道：「若能在寢室為自己裝飾花卉是最上等的。」做這件事只為了自己的睡眠？一般人可不容易辦到，為了裝飾廁所倒很常見，為了客人也是常有的事，可是寢室的話……事實上，房裡有花才是瀟灑、有餘裕、真正的奢華。這才是貨真價實的品味。我還早得很呢！

讓室內充滿綠意

觀葉植物帶來活力和平穩。在客廳、廚房和書房一角擺放盆栽，就能改變空間的印象。

一定要有窗戶
不一定要有窗簾

4° 好好呈現並欣賞窗外景色

窗戶如同畫框。透過窗緣方框，欣賞庭園一景，是日本自古以來的文化。窗戶具有通風與採光等功能，但只考慮功能未免太無趣。就像飲食一樣，並非只求吃飽就好，還要思考如何配色擺盤——如何呈現，反而更為重要。

二十五年前，在石川打造了「斷捨離屋」。歷經十二年與公婆同住的生活，總算擁有一家人的房子。這個家的設計重點也是放在窗戶上，為了讓屋旁雜木林的綠意構成一幅畫，便將面向雜木林的客廳天花板挑高，窗戶面積盡量放大。此外，為了避免窗框干擾，三面窗戶的正中間那一大片玻璃是鑲牢的，不能打開。

日式房屋一向重視內外的連結。以前的房子有簷廊，既不屬於屋子內部，也不

窗外是東京鐵塔

比起窗簾，我更偏好遮簾或捲簾。這是租賃公寓附的，所以只好保留著。可以看見東京鐵塔。

等於屋子外部，而是內與外的銜接空間。同理，窗戶不是用來隔開內與外，必須將它視為內與外的銜接，站在屋子裡，欣賞外面的景致。

北陸石川這一帶經常下雨，這樣的「斷捨離屋」，讓我能夠聆聽雨聲，欣賞打在窗上的雨滴。

在外租屋時，窗外的景觀是決定關鍵。住在東京都心，無法從窗戶眺望綠意，所以我改成挑選能看見天空與大海的地方。找房子的時候，很容易只注意到格局，甚至也有人不去現場看屋，只憑格局就做決定。請務必好好運用五感，注意窗戶為空間帶來的影響。

一提到窗戶，就會想到窗簾。我非常不喜歡窗簾的厚重感。相較之下，比較喜歡捲簾、遮簾或百葉窗。

窗簾會隔絕景色，遮簾具有透明感，能讓人感覺到與屋子外部的連結。看得一清二楚就太無趣了，若隱若現才能激起興致，就像從拉門隱約可見燈火一樣。這就是景色的魅力。

掛在牆上
就不用煩惱該擺哪裡

5° 畫是最好的旅行紀念品

我家客廳牆上有兩幅畫，尺寸都大得驚人，相當具有衝擊性。對我而言，畫是能量的來源。與人的邂逅、與書的邂逅的同一條路上，有著與畫的邂逅。

我喜歡在旅行時購買當地人在街上所作的畫，也就是「在那裡才能買到，碰巧散步時看上的畫」。當作旅行紀念品買回來的裝飾品，往往會讓人煩惱不知道該放哪裡，畫可以掛在牆上，不會占據其他空間。

旅行回來後，我不會將畫放著不管，而是立刻拿去裱框，為這次「邂逅」畫下句點。因為是委託裱框師傅，所以裱框的價格還比畫本身貴上許多。

客廳東側最大的牆面上掛了沖繩獅的布畫，這是在沖繩壺屋陶器通專門販售沖繩獅等飾品店看到的。

一走進去，我就愛上了掛在店裡的布畫。問了阿姨店員，才知道是非賣品。她說：「這是年輕的沖繩獅創作者畫的，他想把沖繩獅擺在這間店，於是我請他畫一張海報，他便作了這幅畫，所以這是不能拿來賣的。不過，我可以請他幫你畫一張。」

我問：「那麼，關於作畫費用，我付三萬日圓可以嗎？」阿姨回答：「這就夠了。」後來，我收到他寄送過來的作品。

客廳裡另一幅畫出自知名創作者之手，我將它立在沖繩獅畫對面那片牆。這是陶藝家兼畫家佐藤勝彥先生的畫。佐藤先生畫作的特色是會加上說明。熊熊燃燒般的富士山底下，寫著「不二山壽」的文字。此外還寫道：「富士之生命乃福、壽、吉祥。」

這是第二次用佐藤先生的作品裝飾。上次的佛像畫在每次觀賞時都有不同的印象，這幅作品能讓人思考與畫的相處方式。

沖繩獅的畫

旅行時買的畫裱框後，完成了這次邂逅。金色的邊框將水墨筆觸襯托得更加生動。

佐藤勝彥先生畫的富士山

想要以畫裝飾，白色牆壁是基本需求，有時要加上掛畫的繩子。這幅佐藤先生的畫則鋪了「坐墊」立在牆邊。

第5章「洗」的空間

Panasonic
Wash & Dry

觸感柔軟的
高級毛巾

1° 浴巾是不必要的東西

小時候，我家沒有使用浴巾的習慣。我想，以前會用浴巾的人應該是極少數吧？不知不覺間，浴巾進入了我們的生活。一旦習慣了大浴巾，就會覺得毛巾太小，然而以前覺得這樣就夠了。

去泡溫泉時，每個人都會帶浴巾，我卻不是。我只帶一條毛巾，用來洗身體之後，把它擰乾再擦拭身體。沒錯，毛巾是萬能的，它的用途並沒有任何限制。

因此，我在家裡也不用浴巾（倒是有為客人準備）。我用的是高級飯店規格的白色素面毛巾，六條一模一樣的尺寸和種類。為了善待自己，一定要重視觸感，捨得多花一些錢。蓬鬆的毛巾給人幸福的感覺，光是柔軟的觸感就能使心情溫暖平靜……

反覆清洗之後，毛巾會失去柔軟的觸感，變得硬梆梆，這就是更換新毛巾的時候。毛巾是消耗品，大約一年就要換一次。

我的毛巾是依喜好與需求專門訂製的。如果收到毛巾贈品，我不會拿來使用，通常是轉送給別人或捐出去。

像浴巾這樣不知不覺間進入家庭生活的東西其實還有很多，例如護髮乳或美容液等等，「這麼一說，以前沒有這些東西呢。」如今，它們卻被視為生活必需品。就以放在家中各處的墊子來說，就算想清洗也不能跟衣服混在一起，還得花時間等待它們晾乾，既麻煩又多餘。

斷捨離之後，就能看出以前在未經思考的情況下，買了多少不必要的東西。如果不加思索，東西就會不斷地增加，結果不僅造成負擔，也讓自己受苦。無法一一管理照顧，對於這種狀態感到罪惡，簡直是自己欺負自己。東西少一點，日子才會輕鬆一點。

以展示的標準嚴選浴衛用具。

不要將牙刷、牙膏、面紙等雜物放在洗臉盆四周。
全部收進抽屜或櫃子裡，不僅容易打掃，空間也整潔多了。

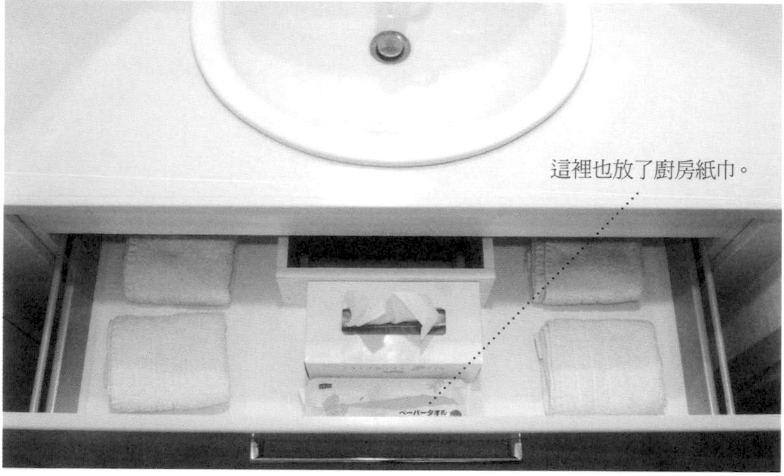

柔軟舒爽的毛巾

洗臉盆下方的第一層抽屜，放了六條白色毛巾。
一天使用兩條，並且每天清洗。

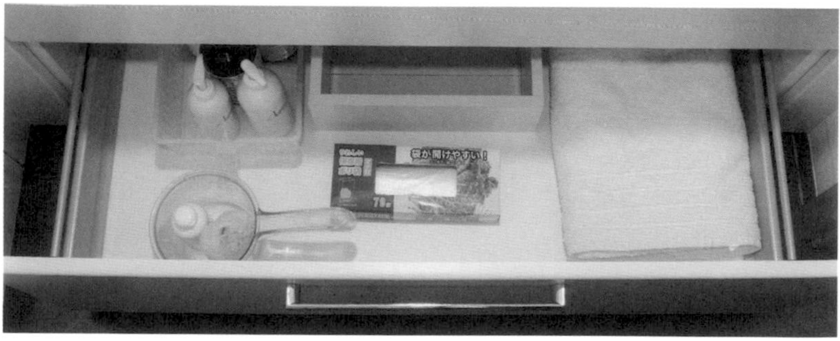

沐浴用品放在抽屜裡

第二層抽屜裡，放了面紙和一條客人專用的浴巾，
以及可以直接拿進浴室的手桶。

化妝品的展示空間

打開櫃門就變成三面鏡，化妝品、護膚品整齊排列。每次一打開，就會激起化妝的興致。

2° 肌膚保養一天只做一次

以前我從不化妝，這幾年由於必須經常在公眾場合現身，只好開始化妝。話雖如此，我不喜歡無意識地做些不必要的事。因此，我的作風是「護膚與化妝流程能省則省」。

拜託精通美容的朋友幫忙準備了一套化妝水、乳液等護膚用品。我只在早上護膚。首先用起泡型的按摩霜在臉上按摩，按摩霜不需要起泡網，用雙手就可以打出泡泡。接下來是洗臉。然後按照朋友教的，依序在臉上塗化妝水、乳液、美容液，不過我總是偷懶。

夜晚的護膚全都斷捨離。美容師宮本洋子小姐在書裡寫道：「晚上不用護膚，早上進行一次就夠了。」這個方法很適合我。晚上只要好好洗臉，將汙垢洗乾淨，不用再做任何事，也不用塗保養品。就寢時，皮膚上沒有任何東西的狀態非常舒服。現在肌膚沒有緊繃或乾燥的狀況，往後我也會持續最低限度的護膚工作。

化妝品和護膚用品都收納在浴室的鏡門後面。打開時，宛如百貨公司的化妝品專櫃，漂亮地一一展示。即便再小的瓶子，彼此都有足夠的空間，因此很容易確認內容物的剩餘量，「用完就放回去」的動作也很順暢。

櫃子裡沒有任何化妝品試用包。想一想，那些在店家不經意拿到的試用品，你實際上會使用嗎？如果不會，就應該當場開口拒絕。

如果在抽屜裡發現沒用完的牙膏，你會怎麼處理？或許你會想：目前的牙膏用完的時候，就可以拿這條來用。然而，那是什麼時候？三個月？半年？在那之前，這條牙膏要放在哪裡？半年後你還會想用嗎？像這樣幾經思考之後，就會毅然丟進垃圾桶了。

這種「覺得總有一天絕對用得到」的想法，讓人很難與多餘的東西劃清界線。因此，必須謹記「需要・合適・愉快」的原則。

沒有雜物的浴室
打掃時很輕鬆

3° 浴室裡什麼東西都別放

你家的浴室裡有哪些東西？洗髮精、沐浴乳等瓶瓶罐罐，淋浴椅、臉盆，臉盆裡裝了盥洗用具或除毛用品，用不到的浴缸蓋靠在牆上，再加上海綿、刷子等打掃工具……打掃浴室時，要先將形狀大小各異的物品一一移開，實在很費事。瓶罐底部容易發霉，所以也得時時清洗。

因此，我絕不在浴室放東西。洗澡時，就像上澡堂一樣，只帶需要的用品。這是我和作家岩崎夏海先生對談時學到的方法，決定立刻實踐。

「澡堂組合」全部收納在小手桶裡，包括洗面乳與洗髮精，需要用到護髮乳時再另外帶著。我不使用臉盆。

洗澡時帶進去，洗完後再拿出來。如此一來，浴室永遠保持淨空，每天打掃起來都很輕鬆。離開浴室時，順手清掉排水孔的毛髮，把地面擦拭乾淨，用浴室暖風乾燥機將衣物烘乾，也順便烘乾整間浴室。

用來清掃浴室的刷子與鬃刷，很容易發霉變髒。想要打掃時，看到這麼髒的工具，怎麼會有心情呢？所以，別把清潔用具放在浴室裡，每次用完瀝乾水分就收到廁所的架上吧。

利用浴室暖風乾燥機烘衣物

無法在陽臺曬衣服，就利用浴室暖風乾燥機。一般衣物晾在衣架上，床單與牛仔褲直接掛在竿子上。

方便攜帶的「澡堂組合」

洗澡時需要的東西，全部放在透明的手桶裡。洗完澡後拭去手桶的水分，放回原本的抽屜裡。

努力刷洗
家裡就充滿鑽石

4° 乾淨的水龍頭讓廁所變明亮

假日即將來臨，為了迎接客人們，我打掃起來更加起勁。房間已經整理好了，接下來的清掃工作就交給掃地機器人Roomba，然後用拖把全部擦一遍。最後是「刷洗」，我用雙手努力地刷洗。刷廁所、刷臉盆、刷鏡子、刷水壺、刷玻璃，比平時更仔細，而且一開始刷洗就停不下來。

廁所的水龍頭被刷亮時，會發現廁所整體的印象和原本截然不同。我不使用任何標榜「立刻光亮如新」的清潔劑，只用一塊破布拚命地刷。只要努力刷，就會變乾淨。

這是為了招待客人嗎？為了讓人看見漂亮的房子？或是為了被人稱讚？沒錯，

答案都是「Yes」！不過，光是看到家裡被刷得發亮，就會覺得刷洗這件事充滿了樂趣。

大家都喜歡亮晶晶的東西，會被發亮的東西迷住。發光的鏡子、明亮的窗戶、閃耀的水壺……唉呀，家裡充滿了鑽石呢！這種體悟，或許正是「刷洗」的最大樂趣。

話說回來，有些人喜歡穿戴閃亮的飾品，家裡的水龍頭卻黯淡無光。

有一位學員就是如此。從外表看起來，她生活過得很不錯，像是貴婦一樣。可是一進到她家，就發現裡頭凌亂不堪，簡直像貧民窟。她不想再這樣下去，決定改變這種失衡狀態。其實她是一個很可愛的人，但說話時總是把「可是、因為」等口頭禪掛在嘴邊。展開斷捨離之後，逐漸改善了外（外表）與內（家裡）的巨大差異。

從整理、清掃到擦拭灰塵，努力做到這個階段時，很容易因為滿足而停下來。待會兒再休息，先感受「刷洗」的魅力吧。

祕密咒語
讓排水孔不滑膩

5° 看不見的地方更要留意

搬進現在住的地方時，清潔公司將看得見的地方都處理得很乾淨，然而浴室裡卻一直傳來臭味，讓我覺得很納悶。過了一個月，終於查出原因：排水孔深處，有一團棒球大小的穢物。

雖然使用鹽素系清潔劑來解決問題，實在有點不好意思，但是一想到看不見的地方也很乾淨，真是心情愉快！覺得自己變得「表裡一致」了。

每天順手刷洗排水孔，就不會殘留滑膩的肥皂漬。只要一直維持乾淨的狀態，就不須使用清潔劑了。如果發現有滑膩感，就表示清潔保養的頻率降低了。在此，我要向各位大聲地提倡「不滑膩三原則」：

不滑膩。不變滑膩。無法滑膩。

即使懶得動手打掃，只要反覆哼出這句話，就會覺得身體變輕盈了，願意開始行動。

偷偷跟你們說：我把家裡滑膩的汙垢取了名字，像是「頑固的○○」。其實，○○是我以前曾經嫉妒、討厭的女性朋友的名字（對不起）。

我會一邊用舊牙刷刷洗，一邊說：「○○，別賴在這裡不走，趕快被沖掉吧。」

一面喃喃自語，一面努力工作。

排水孔變得亮晶晶，我的心情也因此變得暢快。這是我不為人知的小小樂趣。

只在浴室放腳踏墊，用完就馬上晾乾，保持清潔。

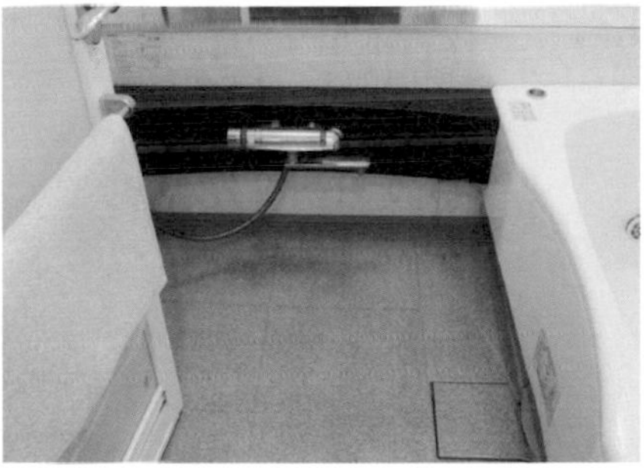

浴室裡什麼也不放

洗完澡記得清除排水孔的頭髮，每天順手擦拭，就不會累積水垢。使用浴室暖風乾燥機，時時保持乾燥。

6° 不需要年底大掃除

大掃除是為了自己。待在乾淨的房子裡，自己感覺最舒爽。同時，大掃除也是為了空間與物品。對於平日相伴的空間與物品，心懷感謝地清掃、擦拭、刷洗。一邊向置之不理的空間與漫不經心擺放的物品道歉，一邊徹底整理，讓空間與物品回復到爽快、愉悅的狀態。

沒錯，年底的大掃除是向空間與物品說「謝謝」與「對不起」。

不過，最理想的狀態是不需要年底大掃除，也就是不要製造出對空間與物品感到抱歉的狀態。

為了做到這一點，就要順手清掃。

平時如果勤加打掃，就不必在大掃除的時候費力去除汙垢，也不用仰賴化學清潔劑。

如果在年底發生了「對不起」的狀況，就表示這一整年都抱著「不想讓人看見」、「不想被看見」的心情。這種心情會形成壓力，而這種壓力會反映在家中各處，只好為自己找一堆藉口，形成惡性循環。

有的人家裡明明很髒，卻覺得被看見也無所謂，這是完全的感覺麻痺，感性遲鈍。這種情況很可怕。至少也該清理一下表面吧？

話雖這麼說，但是我也並非完全免於大掃除——維持清理母親的家，是我的職責。

一樓起居室與廚房等公共空間在斷捨離之後，變得清爽舒適。問題在於二樓母親的房間。那裡不是我的地盤，所以我盡可能不干涉。母親的房間乍看很整齊，卻是停滯的狀態，所有物品都收得好好的，完全沒動過。東西就只是存在，用得到的卻是極少數。

廁所踏墊、馬桶刷都不需要

7° 不需要廁所專用拖鞋

我家的廁所裡沒有拖鞋。一定有人覺得，廁所沒有拖鞋就是不太對勁。不過，這只是對於廁所與排泄懷有成見罷了。因為覺得房間是乾淨的，廁所則是骯髒的，所以才會認為需要拖鞋吧。

廁所是款待的空間。如同用飲食款待，也用廁所款待。對人而言「飲食」是入口，而在廁所的「排泄」則是出口。兩者皆沒有停滯狀態，也不能馬虎以對。所以，維持廁所清潔特別重要，用完就順手打掃。如同保持身體清潔，沾了汙垢就立刻洗掉，廁所的髒汙也要當場清除。除了看得見的汙垢，也要留意看不見的地方；即使看不見，也會成為臭味的來源。

為了能夠時時順手打掃，我不放廁所踏墊與馬桶座墊。既然不可能每次用完都拿去洗，那麼它們如何保持清潔呢？

此外，我家也沒有馬桶刷，而是用拋棄式廁所清潔板來擦拭馬桶座、馬桶蓋與地板，一天會擦好幾次。

廁紙買回來後，我會立刻打開外包袋，一個個擺放。如此一來，廁紙用完時，就減少一次從袋子裡拿取的動作。不論廁所、廚房或衣櫥，斷捨離的原則是一致的。

清潔而穩靜的空間

沒有踏墊與拖鞋，用完順手打掃，保持乾淨。以綠意和香氣妝點，呈現「款待」之情。

北海道名產
天然薄荷油

8° 散發芳香的氣味

我不買廁所芳香劑，因為它們聞起來多半很廉價。香味也是一種款待。維持清潔是基本，如果能添加香氣或擺放植栽等滋潤心靈的東西，會令人更開心。我家廁所時時飄著薄荷香，有時也會改用同樣具有清涼感的尤加利香味。

我去北海道旅行時，買了天然薄荷萃取的香薰油，其中最喜歡的是北見名產「天然薄荷油」。機場也販售許多種類，很適合當成伴手禮。

香薰油之中，薄荷的價格比較容易入手，初次使用者也較能接受這種香味。雖然很多薄荷油被裝在不吸引人的瓶子裡販售，不過通常很多都具有單純的香味，敬請一試。

我用棉花沾取薄荷油，藏進廁紙筒裡。因為廁所裡並沒有香薰壺或擴香器，所以大家都在問：「香味是從哪兒來的？」實在很有趣。

我喜歡在日常生活中活用各種香薰油的功效，例如：在寢室使用幫助入眠的薰衣草香味；想提高專注力的時候，就讓書房裡散發迷迭香氣息，或是和薄荷混合也很不錯。

除了香薰油，有時我也會使用香。每次去國外旅行，我總是不自覺地受到當地神祕的香味吸引，等到發覺時，已經買了一堆放在抽屜裡。一想到時，我就拿出一根，放在書房的香盤點燃。伴隨夢幻的瑜珈音樂焚香，能加快寫稿的速度，真是不可思議。

廁紙裡的祕密

在棉花棒滴上香薰油，藏到廁紙筒裡，每次滾動時都會散發芳香的氣息。

第6章 「學」的空間

1° 將餐桌當成書桌

工作的桌面越大越好。我把原本的餐桌搬進書房，當成書桌使用，長一百八十公分、寬九十公分，非常令人滿意。工作時，我最重視能否「俯瞰」。一般的學習桌缺乏足以俯瞰的大小，而辦公桌作為室內家具則略顯乏味。說到這一點，這張以核桃實木製成的餐桌，不，是書桌，即使刮傷也很有韻味，使用越久越惹人憐愛。

唯獨有個困擾，就是那張與餐桌成套的椅子。它和桌子一樣是以堅硬的實木製成，一旦長時間久坐，臀部就會很不舒服……畢竟一般人吃飯不會坐好幾個小時不動，我工作起來卻會從早上直到天黑，一直坐著，忙到連吃飯都會忘記。「這可

方便工作的大桌子

在石川縣的生活藝術工房訂購的，原本是餐桌。
大大的桌面，很適合瀏覽工作的文件。

受不了！」幸好鋪上坐墊後有了改善。

工作時，物品散放在書桌的平面。應該說，是我刻意弄散的。從文件到參考書籍都完全攤開，藉由「俯瞰」，需要任何資料時，一個動作就能取得，同時也有助於整理思緒。

工作結束後，就全部收進書架的抽屜裡，恢復原貌。書桌上只保留 Panasonic 的筆電與筆筒。

有時，隔天也要繼續進行同一件工作，很想就這麼放著不管直接去睡，但基本上我還是會收拾整齊，可不能放任資料堆積如山。水平面上沒有任何東西的書桌和亂七八糟的書桌相比，何者能讓你隔天早上心情愉快地開始工作呢？保持桌面乾淨，創新的點子才會源源不絕。

書桌上方的牆面，掛了一幅花文字。這是在美國西雅圖的路邊攤買的，創作者是韓國人。我將兩張紙裱在同一個畫框裡，就成了相當迷人的一幅畫。工作時偶爾抬起頭，就能看見美麗的花文字替我加油。

2° 筆筒裡只放三枝筆

書桌上除了電腦之外，還放了筆筒。因為我希望隨時一個動作就拿到筆，所以不會收進抽屜裡。

很多人喜歡將筆筒插得滿滿的，毫無縫隙。我只放最常用到的三枝筆，加上修正液、剪刀和尺。這就是全部了。至於其他的筆，則和各種文具一起放在抽屜裡。

那麼，我來介紹一下最愛的三枝筆：

第一枝是黑色軟尖簽字筆 Touch Sign Pen。有段時期我很喜歡 Signo 的藍黑筆，最近則迷上這款簽字筆的手感，當筆尖在紙上流暢地滑過時，想到的語詞就流利地化為文字。我很喜歡這種感覺。

用馬克杯當筆筒

筆筒是書桌上的擺飾，特別挑選看起來覺得開心、心情平靜的造型。想要有變化，就換另一個馬克杯。

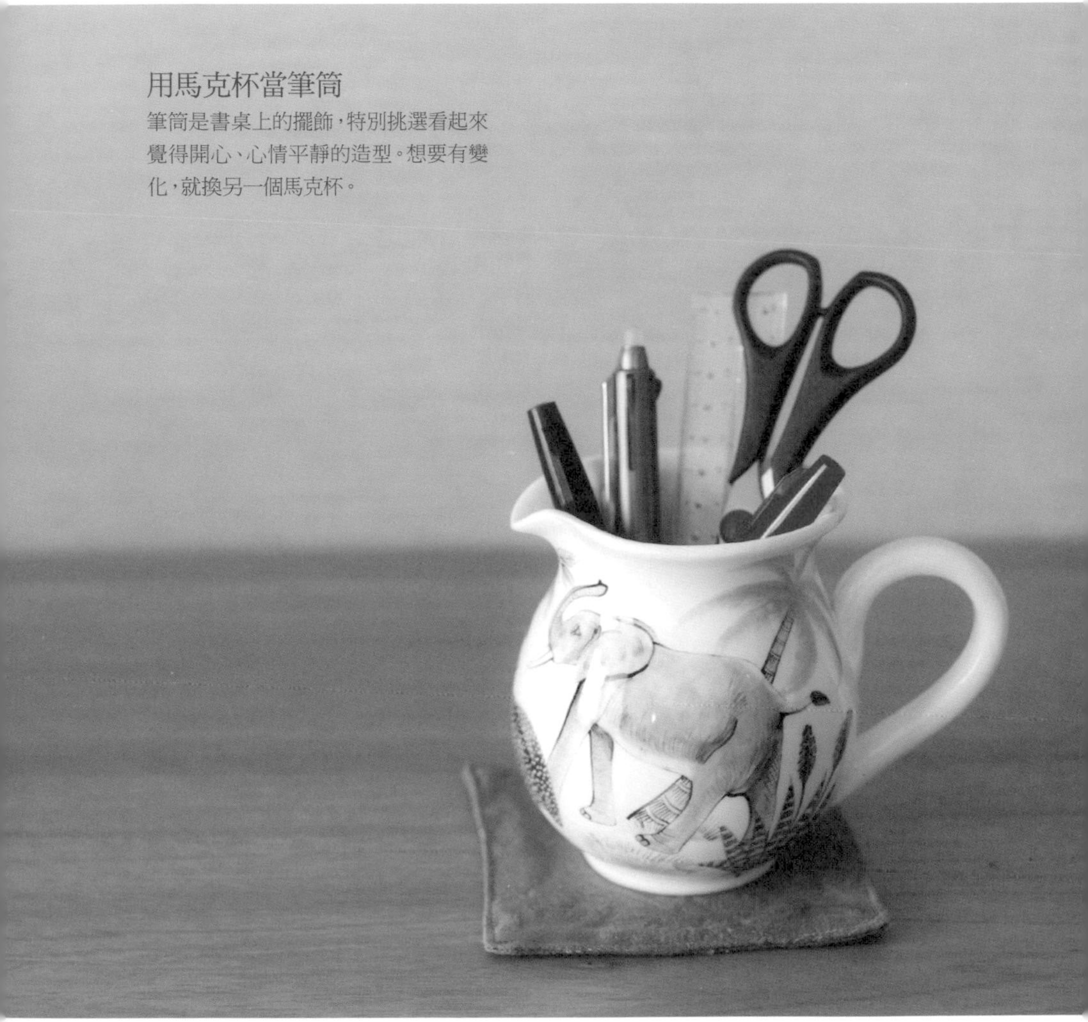

第二枝是 FriXion Ball 的三色筆。在筆記本寫下行程時，我會分別使用這三種顏色註記。這枝原子筆的優點是能擦得很乾淨，對於像我這種經常變更行程的人而言，這枝筆真的很好用。

第三枝是螢光麥克筆 Textsurfer Gel。它的優點是如蠟筆般罕見的柔和筆觸。以前我用一般的螢光筆，有一次想在飛機上使用，墨水卻因氣壓的關係漏了出來。關於這點，這枝筆在手部動作不穩時或是在飛機上，都能毫無阻礙地畫線。

讀書時，我習慣拿麥克筆在重點處一一畫線。因此，手邊的書都是一片黃色。另外，用軟尖簽字筆在思緒整理筆記畫圖解時，若是覺得「這裡特別重要」，也會讓這枝麥克筆上場。

3° 工作以「三座山」原則來管理

我將工作基本上分成三類。正如「斷・捨・離」由三個字組成，任何事我都分成三個部分來思考。整理思緒時，也有三種分類。

工作時，為了便於「俯瞰」，我將文件全部攤在桌面上，大略分成三類。首先，中間是正在進行的工作，左右分別是完成的工作，以及接下來要開始的、尚有餘裕的工作。

不只是書桌，也將它們分成三類放在書架抽屜裡。要做斷捨離時，像這樣分成三堆，就能慢慢思考。

正在處理的文件，不久後會移至已完成區。這時，要決定文件「是否保留」。

留下的文件放在已完成工作區，不留下的文件則立即撕碎，絕不會有「暫時先放著」的情況。我的工作模式就像這樣具有流動性。

有人會將以前到現在的文件以收納用品分門別類，我實在做不到這一點。我一收起來就會忘記。收納即忘卻。因此，手邊只會留下最後的定案版本，例如在寫書的過程中，最後只留下完成的書，途中的原稿不會為了紀念而留下。

像這樣分成三類，不斷進行斷捨離，是因為我的腦袋容易一團亂。由於想法總是亂糟糟的，為了不讓事態更加混亂，所以拚命地減少東西。我絕非善於整理的人。

工作方面也是，喜歡同時進行，這邊碰一下、那邊碰一些……不是一件一件完成的人。如果沒幹勁就絕不動工，直到想要做事之前總是晃來晃去、坐立不安，像個考試前一天開始整理抽屜的學生，這邊擦一下、那邊抹一下。

我是被期限逼急了才會動手的類型嗎？不，應該說是被逼急了才會發揮能力的類型。

4° 文具集中一處管理

打開我的抽屜，可以看到所有文具都收拾整齊，集中管理。但是不像一般的收納術那樣，做出區隔貼上標籤，按照物品分門別類。

我嘗試做過詳細分類，最後還是死心了。

斷捨離不需要詳細分類、建立系統，只要能運用「俯瞰」，管理抽屜就輕鬆多了。

抽屜裡的文具包括原子筆一枝、簽字筆三枝、麥克筆一枝、萬能筆兩枝、大小夾子各三個、鉛筆一枝、橡皮擦一個、自動鉛筆一枝、筆芯一盒、墨水三條、書籤五組、膠水一條、膠帶一卷、釘書機一個、釘書針一盒。

就像這樣，數量必須嚴格管控。如果需要時卻正好用完了，不覺得很困擾嗎？答案是否定的。因為一眼就能看見抽屜裡有什麼，它會自動發出「快要用完的信號」。即使用完了，在這麼便利的時代，也能立刻去超商買，根本不需要存放多餘的文具。

我喜歡在文具店買文具。文具店和書店同樣是令人愉快、能激起知性與好奇心的樂園。試用最新款的文具，和某個文具發生意想不到的邂逅……光是想像就覺得興奮。我主要是在網路書店買書，有時也在網路上買餐具，但是我會走路去買文具。因為在網路上很容易不小心一次買太多，或是買來不根本需要的文具。沒錯，這是我從失敗經驗中學到的教訓。

話雖如此，這個抽屜有時也需要斷捨離。抽屜是關起來就看不見的空間，零碎的小東西容易盲目堆積。

某次，果然發現一枝原子筆贈品。「既然都收下了，就算難寫也視若無睹繼續使用」的想法讓人很有壓力，因此我深深地覺得，這種贈品文化才應該斷捨離呢。

電視櫃下方統一管理文具。

我將電視櫃放在書房。視聽家電之間，
點綴了舒暢心靈的綠意。抽屜裡整齊地收納文具。

如同室內裝飾般的視聽家電

挑選電視與CD音響要重視設計感。
下方是DVD播放器與CD隨身聽。
這是書房裡的小小視聽專區。

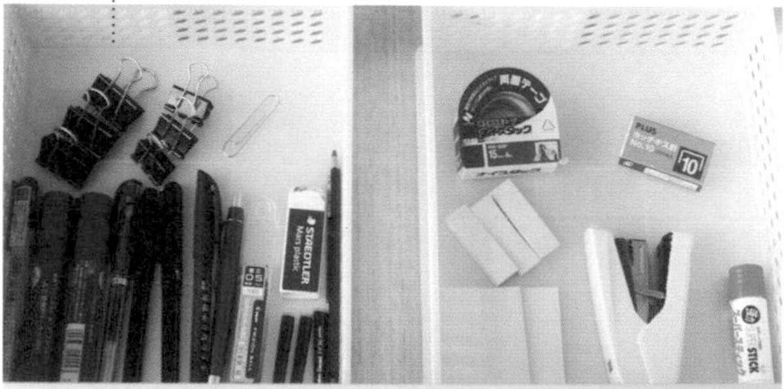

文具集中一處管理

文具集中在一個抽屜裡，一目瞭然。嚴格控制數量，沒有「暫放」的東西。

在秘魯沙漠撿的石頭
這是力量之石

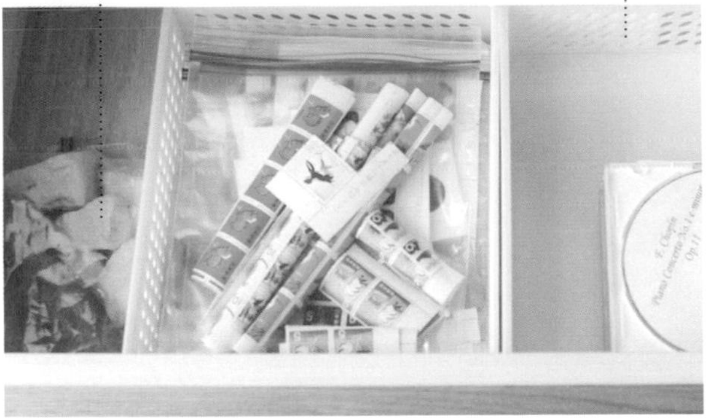

各式郵票收藏

丈夫送我的郵票收藏。我認為「要用才有意義」，用不到的就送人。

送東西給別人
記得加上這句話

5° 派不上用場就分送給別人

在日本，以前隨處可見「分送」的溫暖之舉。它和禮物或贈品不同，並非特地去買東西送人，而是因為覺得太多了、自己用不完，所以分給大家。不僅是食物，連衣服、餐具和書籍，我都是一想到就分送給別人。

「東西要派得上用場」，這是斷捨離的基本。囤積保管的東西，無法看出價值。有多的就分給別人，讓物品形成流動循環。我無法忍受東西堆在家裡的感覺，送給別人才爽快！一方面也很感謝別人讓我解決過多的物品。

我的丈夫多年來收集大量郵票。雖然他並非狂熱的收藏家，但是以前每個男人都在收集郵票。我覺得它們這樣沉睡在抽屜裡太可惜了，便拿走一套，放在現在住的地方。話雖如此，我不是經常寫信的人，所以根本用不完。於是，我拿了很多郵票送給擅長繪畫信的朋友，結果對方非常高興。繪畫信若是貼上適合的郵票，感覺會格外出色。

另外，有時會買太多土產點心。只要碰巧有水電工人來家裡時，我就會拿給對方，一邊說：「東西多到吃不完實在很煩惱，如果你願意收下就太好了。」分送時，一定要記得加上這句話，才不致造成對方的負擔。如果只是說：「這個給你。」感覺很勉強對方，他可能會覺得：「你不要的東西，我也不想要。」

如果不習慣這麼做，分送的一方很容易不自覺地思考：「對方是不是也有多的東西？」而收受的一方也會心想：「既然收了，就得回禮。」不知不覺間，麻煩的人際關係又開始運作。

所以，只要分送小東西給別人的生活方式可以流行起來，慢慢變成一件自然的事，人際關係是否會變得更輕鬆自在呢？「不好意思，因為太多了，你拿一些去吧。」平時若能經常聽到這句話，就太美好了。

不需要的
就直接丟棄

6° 紙類不進家門

信件、發票、廣告、使用說明書、各種印刷品……家裡塞滿了紙類，卻無法輕易丟棄。這是因為：

文件……努力工作的我
資料……收集資訊的我
書籍……吸收知識的我

這些東西可以說是滿足社會期待的證據。

質問自己這些東西「需不需要」，難度非常高。不過，不需要的東西就是不需要。對於眼前紙堆感到煩惱不已的這段時間，也是一種浪費。

所以，一定要時時丟棄，否則一不注意就會越積越多。進家門前，我會在玄關說：「不能讓你進家裡。」以這樣的意志丟掉。我不用碎紙機，而是直接用手撕碎。我不去想「待會兒再看」或「也許寫了重要的事」，畢竟「就算寫了重要的事也沒差！」想法要果斷。實際上，丟了並非完全不會造成困擾，但在我的記憶中從未發生過，所以應該沒什麼關係。就算發生問題，一通電話就可以解決了。

家電等使用說明書，我也是開箱後就當場丟掉。就算操作起來很複雜，我也不會因此留下它。我不看電腦的使用說明書，反正也看不懂，直接請教精通電腦的朋友最快。

這類使用說明書，是不是那些家電都不在了還會突然冒出來呢？話說像是吹風機這類電器根本不需要使用說明書，有什麼留下的必要呢？

不需要的紙類，就鼓起勇氣丟掉。

書桌右側架子上方是展示收納空間。

附有玻璃門的架子，上層是展示區，也是工作文件區。
下方抽屜裡放了與金錢相關的物品、名片或印章等貴重物品。

只有針包和線的
裁縫小道具，
想到時馬上
就能動手。

零錢堆　名片類　收據類

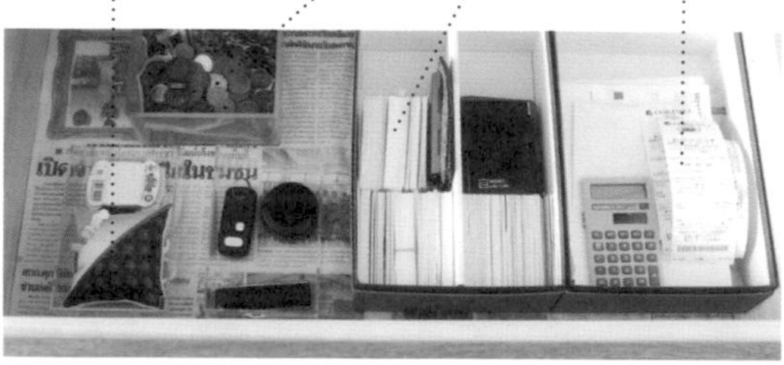

管理錢的抽屜

第一層抽屜是和錢有關的空間。計算機和收據、發票放在一起。有一個零錢盒，還有名片盒、印章等。

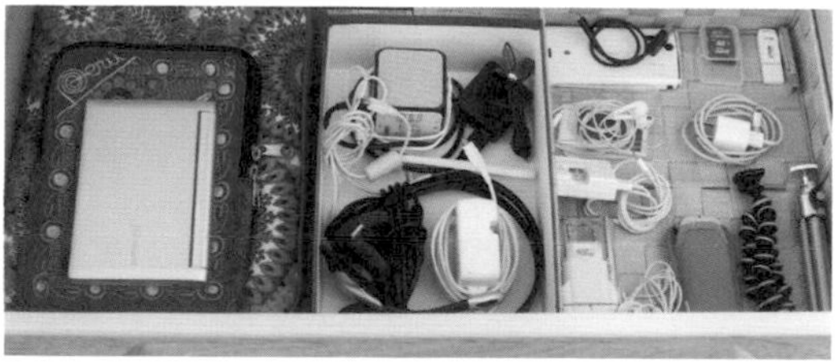

經常隨身攜帶的物品

相機、耳機與隨身聽等經常隨身攜帶的物品都放在這個抽屜。每個抽屜裡都鋪了報紙吸溼。

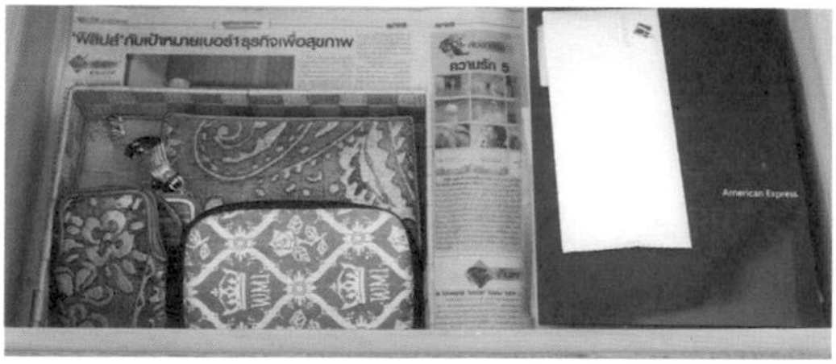

最少使用的物品

護照、存摺等放在這裡。

收納時也將工作分成三類

工作相關的文件放在玻璃門內，分成三類。文件看完就會丟掉，所以架上有空間展示器物道具。

第1類
第2類
第3類
目前正在進行的工作。「必須立刻動手！」
不急著做的工作。「還有時間處理。」
完成的工作，暫放在「要不要保留」的籃子。

絶對不要覺得「總之先留著」

7° 明信片與名片看過就丟掉

收到的賀年卡、謝函與問候卡等，因為充滿對方的心意，很多人表示不容易處理，認為應該保存幾年，至少也留個一年。至於我呢？沒錯，雖然有些不好意思，但我會盡早處理。看過內容收到心意後，明信片的職責就結束了。紙類真的很容易累積，如果沒有徹底根絕的意志，將來可不得了。

收到的名片我不會留著。雖然經常聽到「收到的名片不能丟掉」這句話，但是我不明白其中道理。因為寫了個人資訊嗎？那麼，撕碎或扔進碎紙機，避免透露個資，這樣就沒問題了。

現在我會將收到的名片交給事務所的人建檔，交出去之前，會先經過篩選。許多名片只是形式上的交換而已，毫不猶豫地丟掉吧。

話說我看不出名片有什麼價值。交換名片是當下的問候，就跟消失的話語一樣。我絲毫不覺得發個名片，以親切的口氣問候，就能建立人際關係。總而言之我就是這種人，自己的名片被丟掉也一點都不可惜。

至於我的名片，則放在書房架子的抽屜裡。左邊這張就是我的名片，名字「やましたひでこ」（山下英子）是拜託尊敬的書法老師以太陽的意象為我寫下的。

山下英子的名片

沒有地址、電話號碼與電子信箱，真真正正只有名字的名片。遞給對方的時候，看到這個圖案就覺得開心。

對於內疚的心情
進行斷捨離

8° 從此不再寄賀年卡

我已經好幾年不在年底寫賀年卡了。不合情理與久疏問候的內疚感，換來的是年底充裕的時間和心情。

第一年，我仍動手一一回信，但是數量多到令我倍感挫折。從隔年開始，我決定「無論會不會收到，我不會再回了！」從此將賀年卡斷捨離了。於是，心情變得輕鬆無比。這麼做確實遠離常規，也曾猶豫不決，但是現在對於賀年卡已經不會感到壓力了。

仍然有按照常規的人會寄賀年卡給我，我自然是心懷感激。

真心的問候令人開心。不過，賀年卡確實也有令人感到負擔的一面：「大家都會寄，我也不能不寄。」不寄就會感到內疚。然而，有時寄了反而會收到反效果。譬如為了應付了事，機械式地寄出只有印刷文字、上面沒寫半句話的賀年卡，與其這樣，不寄反而比較好。既然要寄，至少寫上幾句話吧。

有時會收到同行的人寄來的謝函，我覺得非常感謝，可是收到手寫的信件，也會感到沉重：「不能不回信。」如果是由我寄出，我也會先考量對方：「他是否會費心思回信？」

我的原則是，對於沒有收到謝函或問候卡，我不會說三道四。因為我是「不寄」的人。「我都給予了，收到回禮也是應該的。」這種想法很討厭。

我婚後長年居住的石川就是如此的地方，真的很不得了。我一直旁觀婆婆受這些常規擺布，她的口頭禪是：「不可以不送賀禮啊。」希望別人覺得她禮數周到，希望別人獲得好評價。

雖然傳統與常規很重要，但是沒必要作繭自縛。

書房的壁櫥也是ㄇ字形，收納了書架和掃地機器人Roomba。

寢室的衣櫥以衣服為主，
書房的壁櫥則以書和手提包為主。
壁櫥的門隨時敞開，人與氣都能自由出入。

書房的壁櫥

壁櫥右邊是書架，左邊則是手提包類。
正面不放任何東西，望過去空無一物，
宛如有另一個房間。

書架也在壁櫥裡

書架上共有兩百本書，
經常分類、淘汰、分送，
再買新的書。

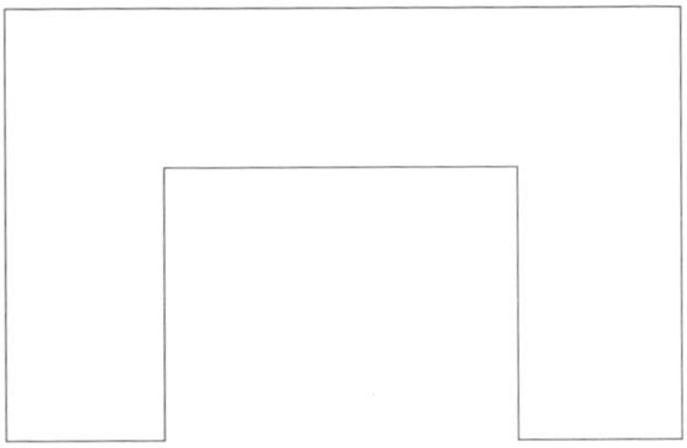

手提包吊掛收納

壁櫥左邊是手提包類。一一吊掛著，容易取出，不會變形。主要是在東南亞或南美的市場一見鍾情的鮮豔款式。

繪畫與書法的學習用具……

籃子裡是要裝進手提包的東西

有插座非常方便

書架中層是印表機，地上是正在充電的Roomba。壁櫥內有電源。籃子裡收著要放進手提包裡的東西。

經常買書
看完了就送人

9° 丟掉的書與留下的書

我買書的頻率很驚人，大約是一週兩到三本。無論是作為參考的書籍，或是躺在床上閱讀的小說，我都不是用借的，而是自己買下來。畢竟在圖書館預約借書，經常會顯示「數百人等候中」呢！圖書館的功能是借閱難以取得的舊書或資料，不是去借暢銷書的地方。

不過很可惜，最近沒什麼機會去逛書店，幾乎都依賴網路，感覺有點難過。我非常喜歡書店，可以在裡面待很久，親自把書帶回家的感覺也很棒。網路書店的好處是急需的書可以立刻送達。總之兩者各有千秋。

目前手邊的書大約兩百本。總量維持不變，買來的書與送出的書經常替換。那麼，該如何區別丟棄的書與留在手邊的書呢？

留下的書是徹底讀過，上面畫滿重點的書。因為覺得夾書籤很麻煩，我會直接在那一頁折角，或用麥克筆畫線。這樣的書，我會留著。

所謂書本，就跟食物一樣，吃了一口覺得怪怪的就不會吃完，要是覺得不錯就會一口氣讀完。當下自己的舌頭與身體狀況也會有影響，所以當然也會有一些沒辦法看完的書，只要其中有一行文字戳中自己的內心，那就夠了。

吃了一口就滿足的書，我會定期處理掉。原本我都是利用二手店，有段時間因為嫌麻煩就直接當成資源垃圾丟掉。不過，身為書籍的製造者之一，這是不該有的行為。能交給下一位讀者，對書而言才是幸福的。

所以我經常把書送人。大部分的書都被我畫到不適合送了，不過只要事先告知，對方也覺得沒問題就會被收下。還有人會主動表示：「我想要山下畫過線的書。因為用黃色麥克筆畫過，重點一目瞭然呢！」

10° 每個晚上讓手提包喘口氣

我在美國西海岸郊外的暢貨購物中心裡，有許多在日本難以想像的寶物，原本只是信步逛逛，結果完全迷上了裡面的商品。我的視線停留在定價打三折的COACH手提包，和其他觀光客進行爭奪戰（並且勝利了），最終落入我的手中。手提包的設計經常吸引眾人目光，每次逛街時，總有店員向我搭話：「好可愛喔！」沒錯，手提包是最好的交流工具。

我的壁櫥裡排著五個較大的手提包，尺寸剛好能塞進A4文件。行李箱大小各一個。以手提包愛好者而言，數量或許太少了，畢竟擁有五十個、一百個的人不在少數呢。這是一不留神就會增加的東西，所以我會在尚未損壞前就脫手。

脫手的方法就是送人。我會為手提包尋找未來的落腳處，「總有一天要送給○○。」

手提包裡裝的東西每天不太一樣，大多是智慧型手機、錢包、印章、鑰匙、名片夾、眼鏡、行事曆、A5尺寸的思緒整理筆記、筆袋，還有裝小東西的化妝包。化妝包裡裝了手帕、面紙、護唇膏、梳子。是的，化妝品只有護唇膏。以前我會隨身攜帶粉底，直到有一次發現：「我根本不補妝啊！」粉底就斷捨離了……

每天回家後，我會把手提包裡的東西全部放進籃子裡。如此一來，可以「俯瞰」手提包裡有什麼。手提包就算只用了一天，仍然會堆積雜物，即使隔天打算要拿同一個包包，也要重新整理一番。俯瞰時，能對隨身物品做個總檢查，手提包內的物品不會丟失，也能補充快用完的文具，更不會帶著已經不需要的東西。

讓空空如也、辛苦了一天的手提包好好休息、喘口氣，填補新鮮的「氣」，隔天才能恢復光采。

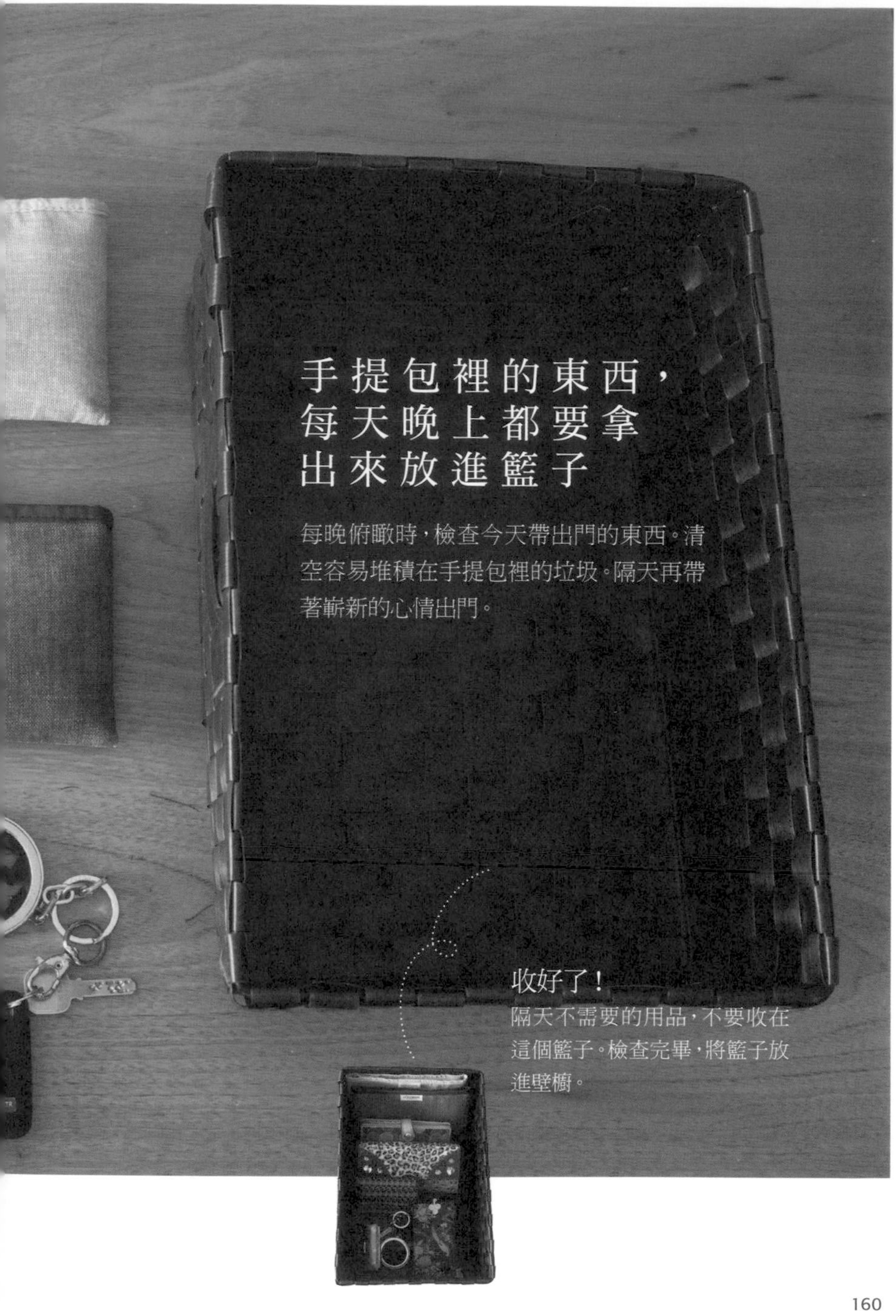

手提包裡的東西，每天晚上都要拿出來放進籃子

每晚俯瞰時，檢查今天帶出門的東西。清空容易堆積在手提包裡的垃圾。隔天再帶著嶄新的心情出門。

收好了！

隔天不需要的用品，不要收在這個籃子。檢查完畢，將籃子放進壁櫥。

一一排列就像這樣

第一排由左至右，分別是名片夾、卡片夾（裝了suica卡）、筆袋。
第二排是印章、眼鏡袋、化妝包。
第三排是錢包、智慧型手機、家裡的鑰匙。

化妝包裡只放手帕、衛生紙、梳子、護唇膏（我不塗口紅）。

全部打開
必須一目瞭然

11° 錢包就是錢的家

在店家結帳時，有時店員會問我：「那個錢包是在哪裡買的？」我的錢包每年都越來越華麗。是的，我每年都買新錢包。

度過年底、年初最忙碌的時期，直到立春前一天，我會去買新錢包。我並不喜歡好運與幸運等詞彙，感覺有點小氣，但是錢包確實能帶來好彩頭。帶著閃亮，不，閃耀的錢包，感覺就充滿幹勁！你也這樣覺得對吧？此外，我會仔細保持錢包清潔，一年後再送給朋友，告訴對方：「這個錢包能讓財運變好喔。」每年買一個新錢包，能讓我覺得自己每年都步步高升。

選購錢包的首要條件，就是可以全部打開來「俯瞰」。

一天結束後，我會俯瞰錢包。我不索取收據，但經費精算時會放幾張必要的，所以需要整理。

我絕不辦點數卡，也不拿優惠券。這些東西只是滿足貪小便宜的心情，點數卡最後幾乎不曾集滿點數，換來的馬克杯也不是真的很想要。

我的錢包裡放了兩張信用卡、證明身分用的保險證、駕駛執照。這就是全部了。有些人會攜帶內科、耳鼻喉科、牙科……等各種掛號證，其實根本沒必要，去醫院時再帶著就行了。健身房等會員證也一樣。

話說，我華麗的錢包和朋友的錢包是有趣的兩個極端。我的錢包是鮮豔粉紅色的瓷漆材質，友人的是時髦茶色的葡萄藤自然材質。如果以房子來比喻，我是大型建設公司企畫的設計大樓，友人則是小型的在地工程行以固有工法所蓋的傳統商家。

喜歡新房子，每年都會搬家＝換錢包的我；持續住在每年更添韻味的房子＝持續使用的她。沒錯，嗜好與用法完全不同。重點在於，房子裡的人是否住得開心。

錢包＝房子

錢＝家裡的東西

所以，只要觀察錢包，就能充分掌握對方家裡的情形。此外，根據錢包呈現何種狀態，也能判斷對方與金錢的關係。錢包裡，充滿了我們潛意識的證據……換言之，隱藏了我想要揮霍金錢的欲望？而友人是希望踏實地運用金錢？

附帶一提，無論再怎麼趕時間，她也會慢慢地仔細將紙鈔對齊再放入錢包。即使在超商身後有排隊的客人，也只需一到兩秒，或許我們都應該向她看齊呢。相反地，我搭計程車找零時，鈔票都是一把直接塞進錢包。一天結束時，我才會邊俯瞰錢包，邊排好紙鈔的方向。

錢包真的會顯現出持有者的金錢觀、個性與生活方式呢。

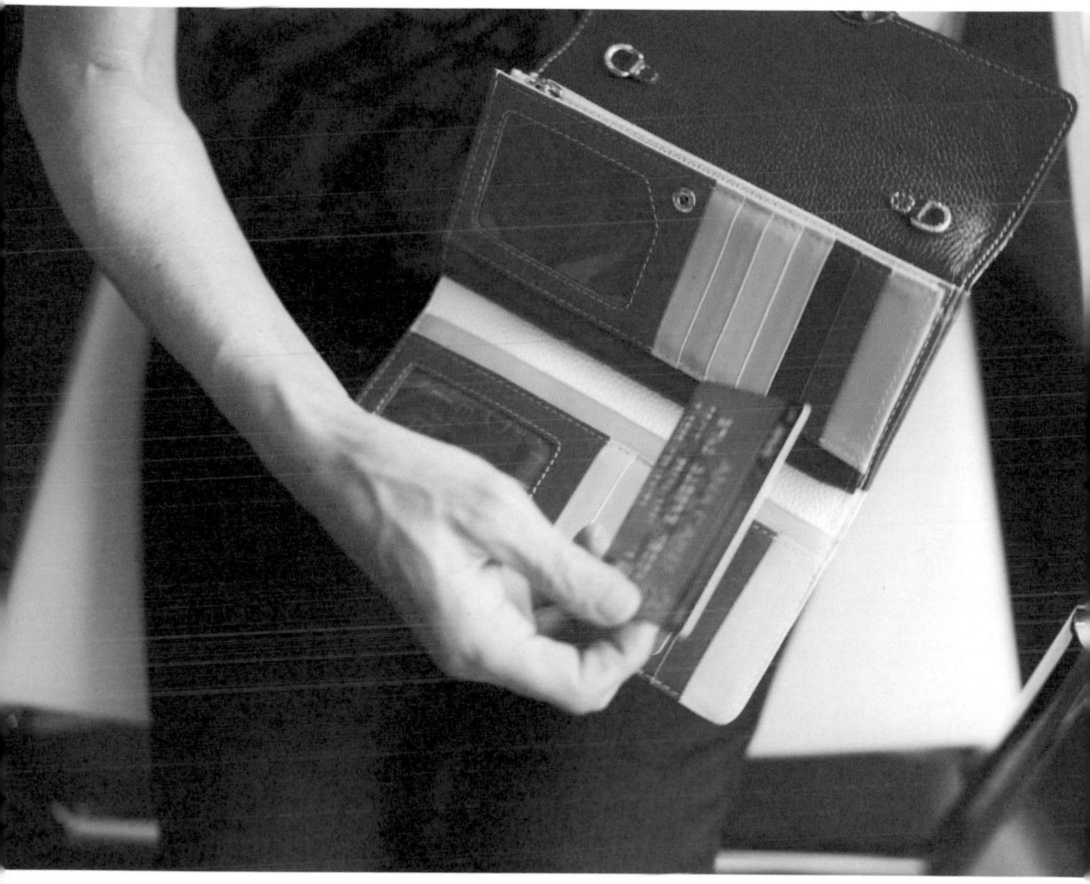

錢包必須可以全部打開

手作皮革錢包。雖然有許多收納空間，
但我隨身攜帶的卡片只有一張銀行現金卡
和兩張信用卡。

行程滿檔
房間也會一團亂

12° 每個月換一次手帳

記錄行程的手帳，我使用簡單的月記事。雖然曾經用過可以詳細寫下日記與將來夢想的類型，最後還是回歸單純。

寫手帳時，我使用三色擦擦筆 FriXion Ball：時間用紅色，地點用藍色，內容用黑色，共分成三類。以前依照私人行程與工作事項來區分顏色，不久之後漸漸發現：「不分工作與私人，我喜歡所有愉快的時間！」所以就改成了現在的三種分類。

其實，每天的行程與房間的整理關係密切。

行事曆若是寫滿，房間的凌亂程度就會增加，你是否也這樣覺得呢？

有時我會指導關於辦公室的斷捨離，最近碰到的辦公桌，就令我深刻體會到這個道理。有三位客戶從事媒體業，過著非常忙碌的日子。拉出來的抽屜上堆滿文件，再上面則是電腦，椅子根本收不進去。

大家都太忙了，每月每週、每天每小時的截稿世界，一想到不得不完成的工作量，花些時間有效率地整理桌面都覺得可惜，結果就是這般令人遺憾的惡性循環。然而，或許是長期習慣了這種狀態，他們不太有危機感，我覺得這反倒是個大問題。

客戶對我說：「請使出終極手段，不用留情。」我真的是毫不留情地指導，就像進行緊急外科手術。手術自然會伴隨傷口，等到傷口順利痊癒，身體就能恢復順暢的代謝了。

如果覺得房間凌亂，就有必要重新檢視行事曆。

至於我的行程呢……上午睡到自然醒，寫一下稿子，刷洗一下家裡；下午安排採訪或諮商，有時晚上也有活動；目前有好幾本書正在同步進行，趁著空檔出差、旅行、回家探親……喔，我好像沒什麼資格談論別人呢。

點子成形後
就別一再回顧

13° 俯瞰靈感的「思緒整理筆記」

我的手提包裡一定會隨身攜帶A5尺寸的筆記本，取名為「思緒整理筆記」。

我對製造商和品牌並不講究，但一定得是方格眼筆記本。雖然完全不會照著方格眼使用，但既不用橫線紙，也不用空白紙。

我在討論事情、接受採訪時，會將靈感寫在上面，記得腦袋裡一閃而過的想法。

靈感就像沙子般從指縫間流逝，所以我不會寫得太仔細，而是以圖解或格言式的一句話，快速記下來。

比方說，這是某天的筆記：

・跟平常一樣很無趣

・太出人意表會不自在

這是即使買了衣服，心情依然無法平靜，分析其中「失敗原因」的筆記。而原本紊亂的思緒，瞬間就理出了頭緒。像這樣藉由筆記來俯瞰靈感，將會再引導出新的點子和想法。

將歸納出來的想法寫在原稿或上傳到部落格後，筆記的角色就告一段落，我幾乎不會事後再回顧。雖然有段時期我會將筆記保留一段時間，但我發現自己根本不會回顧，所以一用完就毫不留戀地丟棄。即便是正在使用的筆記，由於內頁可撕除，所以點子一輸出，我就會把那頁撕掉。如此一來，筆記本會逐漸變得更輕更薄。

寫筆記時，我喜歡用軟尖簽字筆 Touch Sign Pen，享受它在紙面滑過的書寫手感。選擇這枝筆的另一個理由在於，書寫時能夠清楚意識到橫向的動作。平時寫稿敲打鍵盤時，主要是直向動作。在紙上運筆的動作，是橫向移動。兩者對於腦袋的作用恰好相反，若能均衡進行，可以對大腦造成適當的刺激。

關鍵在於
能否掌握開與關

14° 別在無意識中被電視掌控

我在一個人生活的契機下，斷然捨棄了電視機，過了一段沒有電視的生活。雖然不曾因為這樣感到特別困擾，但第一次受邀上節目時，我還是連忙跑去量販店買了一台便宜的電視機。

那台電視相當輕薄，不占空間，附提手把，方便搬運。選擇 DVD、CD 音響我也用同樣的標準：以設計為主，功能上只要能看、能聽、操作簡單，對我而言就夠了。選購家電時，我以「能夠當成室內擺設」為第一要件。化身為書房一景的電視機，完全不是風格強烈的類型。另一方面，也有宛如主人在家中坐鎮的電視機類型。

應該有不少家庭把客廳當成「看電視的地方」。電視確實具有讓人目光緊盯畫面、無法移開視線的魔力。

電視在日本人的生活中，無論如何也切割不了。先不管電視以何種形式存在於家中，相處方式才是重點。其中最大的關鍵莫過於這一點：

能否有意識地關掉電視。

選擇要看的節目後打開電視，看完節目後就關掉。你能出於自我意志做這件事嗎？能否不被電視牢牢掌控呢？

把電視塑造成一個壞東西很簡單，但是也有需要它作為取得資訊管道的時候。在報導災害新聞方面，還是電視比較可靠。我現在也很享受NHK的晨間連續劇，但是十五分鐘的連續劇一播完，我就會直接關掉電視。不管怎麼說，回到家不自覺地打開電視，讓節目自行播放……我絕不製造這樣的狀況。

受邀上節目之前買來的電視，到頭來自己上的節目也只看了最初那一次，那模樣實在看不下去……之後再也沒看了。

第7章 「走」的空間

讓「歡迎」的空間
更舒適優美

1° 玄關踏墊鋪在水泥地上

玄關對客人來說，是「歡迎」的地方。對主人而言，則是「我回來了」的地方。由外而內，由內而外，是柔和連接空間和空間的重要場所。

踏墊鎮守在玄關。一般家庭是在脫了鞋子踩進屋內的地方放置踏墊，我則鋪在玄關的水泥地上。對我來說，水泥地上的這張玄關踏墊是「歡迎」、「我回來了」的表現。

傳統的日式房屋，會在水泥地到進入屋內這個空間鋪設穩固的小石子，也有住宅鋪設用來刮除鞋底泥沙的外廊地板。我要的感覺就類似那樣。

那裡不是完全區分成內與外的地方，而是穿鞋子或打赤腳都可以的模糊地帶，可說是用來預告「從這裡開始就是住家囉」的角色。

我家的玄關踏墊是絲綢製品，有著相當厚度的堅韌材質。由於是有內梯的公寓，所以幾乎不曾被鞋底汙泥弄髒，但我還是每三個月拿去洗衣店清洗，然後換另一張出場，兩張踏墊交替使用。

這兩張踏墊是在不丹和泰國的市集上買的，色彩鮮豔、圖案大膽，做工細膩。我當下就愛上了，心想：「一定要放在我家玄關。」我不但對盤子等器皿非常沒有抵抗力，對布料類也是，像這樣在旅遊途中有到這類小物，就會忍不住買下來。

在水泥地上鋪玄關踏墊，會讓客人覺得備受禮遇，或許還會稍微回頭望一眼呢。有些客人對於穿鞋子踩上去感到遲疑，有些客人會一直稱讚漂亮，在此處稍作停留才進屋。

多虧有了這張踏墊，讓人不會想把玄關弄亂。鞋子收進鞋櫃，雨傘一樣放進門扉內。由於玄關沒有放置室內拖鞋、拖鞋收納架和傘架，鋪在水泥地上的踏墊，十足具有存在感。廚房踏墊和廁所踏墊難以保持清潔，所以我不使用，唯獨玄關踏墊例外。

2° 請直接光腳踩進來

在家裡光腳最好。不管如何，光腳最舒服。我不準備室內拖鞋，也請客人光腳進入屋內。

某家我常去的旅館雖然規模不大，但是採用上漆地板，相當氣派。旅館主人曾經說過：「能夠保持漆面完好，是因為我們不放置室內拖鞋」。室內拖鞋相當於砂紙，它與細小的灰塵摩擦，會使地板受損。這位旅館主人也說：「光腳真的很舒服。不用穿鞋子，請進來吧。」

在家裡光腳或穿室內拖鞋，是因人而異的生活方式。但是，也有那種不穿室內拖鞋就不敢走進去的垃圾屋。我曾經拜訪過那樣的房子，主人尷尬笑說：「因為光腳的話，地板的骯髒程度就會一清二楚。」

不準備室內拖鞋還有一個好處：玄關不會顯得凌亂。沒有拖鞋，當然也不需要拖鞋架。

然而我朋友結婚的契機，和拖鞋有很大的關係。這究竟是怎麼回事？

她和現在的丈夫，都是斷捨離的力行者。有一天兩人碰巧在街上遇見，聊起斷捨離這個話題，談得相當投機。當時她沒有想太多就說：「那你要不要來我家看看？」

一直以來她都不願意讓人參觀家裡，但是對於同樣實行斷捨離的他，心境轉變成「想讓他看看」、「希望他看看」。他一進到我朋友家裡，居然當場就把襪子脫掉。朋友看到這個舉動，覺得「對方接受了我」，她心想：「曾經是髒得不能脫下襪子的家，如今客人卻能不拘束地脫下襪子。」

這就是他們結婚的契機，人生真是有趣。姑且不論到別人家中作客光腳禮貌與否的問題，我在這當中看到了赤腳的正面效果。

如同擺在店裡
一樣漂亮

3° 鞋櫃的空間只用一半

你是否認為「喜歡鞋＝擁有許多鞋子」？一旦鞋子越多，鞋櫃就會越大，最終壓迫到生活空間……把鞋子當成收藏品倒是無妨，但是收納這件事是很花錢的。

我也是很愛鞋子的人，正因如此，我希望愛惜地穿上經過精挑細選的鞋子。購買切合當下心情的鞋子，盡情地穿上它。不只穿在腳上，就連放在鞋櫃展示也是一項享受，就像擺在店裡一樣漂亮，令人愉快。不論餐具或鞋子，我都以展示的方式來收納。因此，我以五成的鞋櫃空間用來收納。正確來說，是五成以下。一層只放兩雙鞋，即使有足夠的空間放進三雙，還是要留下一雙鞋子的空間。

只要多留一雙鞋的空間，鞋櫃就會變得完全不一樣。一雙鞋的空間，能夠留給客人使用。這個空間就是餘裕的證明。不但通風良好，也能襯托出每一雙鞋的可愛。

鞋子少，保養起來也比較輕鬆。高跟鞋的面積小，幾乎不太會弄髒，然而一旦怠於保養，會加快鞋子損傷的速度。　回到家，就快速用布擦拭一遍。只要順手保養，不論髒汙或「氣」都不會累積。這樣一來，就不必擔心鞋子或鞋櫃會發臭了。

鞋櫃裡除了四雙高跟鞋之外，還有兩雙運動鞋、一雙日式拖鞋、一雙靴子。由於現在沒有特別在運動，所以運動鞋很少有出場的機會。

即使去旅行，我也偏好穿有跟的鞋子。國外飯店晚餐時段幾乎都會要求客人穿著正式服裝，其他人是在行李箱裡準備一雙高跟鞋，我卻是相反，會穿著高跟鞋上飛機，然後保險起見帶一雙運動鞋，但是往往沒機會穿到就回家了。不過，上次的秘魯祕境之旅，高跟鞋倒是沒有出場的機會。

靴子則是一個冬天一雙。由於靴子很有魅力，會忍不住想要買齊兩雙或三雙，但我照慣例是一雙鞋反覆地穿。由於價格昂貴，所以我會挑選可以搭配任何外套的基本款長筒靴。

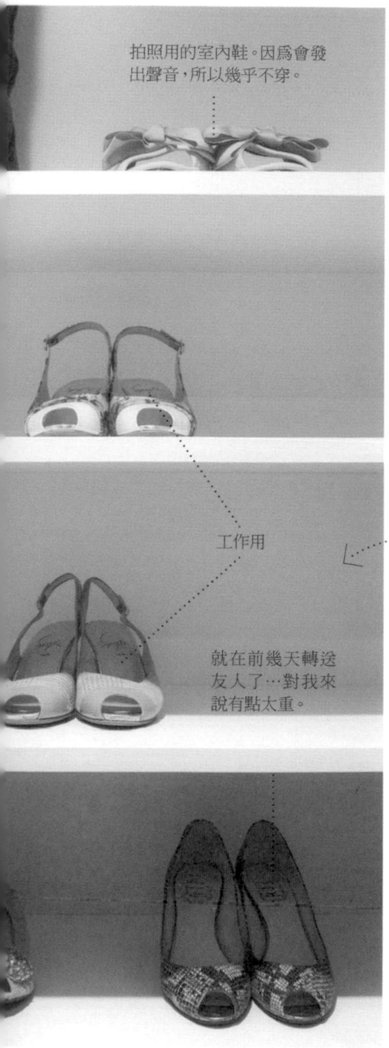
拍照用的室內鞋。因爲會發
出聲音，所以幾乎不穿。
工作用
就在前幾天轉送
友人了…對我來
說有點太重。

因為喜歡鞋子，
所以更要精心挑選。

價格較貴，流行期較長的鞋子。你是否因為「不忍丟棄」而擺在鞋櫃裡？我的鞋櫃只有常穿的鞋子。

鞋櫃也有留給客人的空間

空間夠擺三雙？即使這麼想，
還是放兩雙或一雙就好。
雖然不多，不過其中仍有很少穿的鞋子，
正在考慮斷捨離。

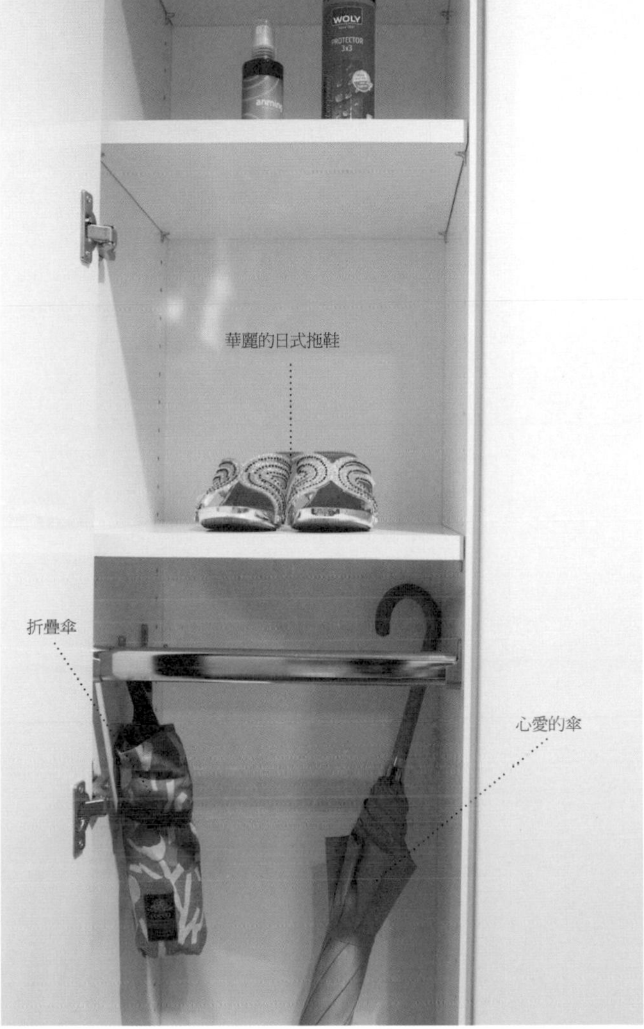

傘在這裡等待雨天

使用過的傘晾乾收進這裡，只要關上門片，
就看不見傘的蹤跡。
客人的雨傘則使用毛巾或紙張作為暫放之處。

腳踩七公分的鞋跟
精神抖擻地邁步

4°
一季買兩雙喜歡的高跟鞋

看著七公分的鞋跟，希望成為帥氣地踩在上面、精神抖擻向前邁步的女性。有點高度的鞋跟會刺激交感神經，穿平底鞋吧嗒吧嗒地走似乎就會失去緊張感。

鞋跟的「適當高度」因人而異。向鞋店的店員詢問，通常對方會禮貌地給予建議。我五十幾歲才開始穿裙子，心想：「既然要露腿，就要露得漂亮。」在多方嘗試後，最後選擇七公分的高度。

我有四雙高跟鞋，最常穿的只有一雙。少數鞋子輪流替換，常常穿，直到穿壞，最後對鞋子說聲：「辛苦了。」然後放手。

春天是變化的季節，變化從腳開始，所以我會去買令人心情雀躍的春色高跟鞋。

全新的高跟鞋令人心情和步伐都變得輕盈起來。

秋天結束前，長期住在雪國的我，會興沖沖地開始為冬天的來臨做準備。以前塑膠長靴是必需品，現在購買秋冬的高跟鞋則成為慣例。只要再加一雙長靴，冬天的準備就完成了。

「購買鞋子」對我而言，就像迎接全新季節的儀式。

所謂季節，就是大自然的新陳代謝。作為呼應，身邊的東西也要跟著新陳代謝。鞋子為我帶來季節更迭的喜悅。

我站在鞋櫃前面欣賞這些鞋子，突然注意到高跟鞋的鞋尖全是露趾魚口設計，無論春夏款或秋冬款都是。腳尖是能量的出入口。我似乎在不知不覺間，挑選了有助身體能量循環的鞋子呢。

5° 一個人只需要一把雨傘

我喜歡下雨，也很喜歡大雪。這樣的日子裡，大家會變得很親切，彼此問候：「還好吧？」相互關心。下過雨後，空氣也會變得很乾淨。

雨天回到家，我會把雨傘直接開著晾乾。晾乾後再收進鞋櫃旁的置傘櫃。傘架始終沒有出場的機會。

話說傘架是必要的嗎？看到別人家裡的雨傘多到傘架裝不下，總是不禁心想：「究竟是怎樣的大家庭？」從中能感覺到美感嗎？這就是顯而易見的無意識、不自覺的證據。不自覺地擁有傘架，不自覺地使用，當中沒有任何的思考活動。

這幅光景，簡直就和我老家的玄關一模一樣。那時老家只住兩個人，除了母親之外，我兒子也寄住在那裡。我每隔半個月拜訪一次，發現雨傘漸漸地增加，一算之下竟然有八把。會覺得雨傘數量和住戶人數不符的，應該只有我吧。

雨傘之所以增加，理由不難推測：恐怕是我兒子把雨傘忘在工作場所，隔天在雨中跑出家門的模樣被我母親看到了。雖然我兒子並不介意稍微淋一點雨，我母親卻為此準備了好幾把傘，以萬全態勢應對。母親認為：「不過是八把雨傘。」但在我看來只覺得：「一個人如何一次撐兩、三把雨傘？」

對於塞得滿滿的傘架，母親還辯稱：「客人回去時萬一下雨，就可以借給客人用。」但是來訪的客人幾乎都開車，而且也很少有人來，運氣不好碰到下雨的機率究竟有多高呢……

對我來說，一把長傘就夠了（手提包裡有一把折疊陽傘）。選購傘的重點是上面有令人愉快的美麗圖樣。我的傘外側簡潔，內側繪有圖案，自從拿著這樣的傘，就不曾遺失過。很珍惜地使用兩到三年，覺得「用得差不多了」就買新傘替換。不僅如此，我的傘甚至變得像是期待雨天呢。

出於不安的購買
不會令你心安

6° 家裡隨時儲備六大瓶水

雖說「有備無患」，但要儲備多少緊急用品才不會感到不安？準備三天份就能安心了？不行，這次不準備五天份就很不安。準備五天份總能安心了吧？不行，這次沒準備一星期的量就很不安。要是必須準備半年的量才安心，應該很嚇人吧，簡直就像是「有備有患」了嘛。比起不知道何時會發生的緊急事件，日常生活更重要。

我的緊急儲備品只有水。最少會儲放一箱兩公升六入裝的礦泉水，最多為十二瓶。我在日常生活中，會一邊使用一邊替換儲存的水。

糧食則沒有特別儲備，只要有冷藏庫和冷凍庫的麵包，就可以維持三天。據說發生災害時，黃金七十二小時是存活的關鍵。所以最初的三天，必須一邊自己努力，一邊思考接下來該做的事。

大家知道儲備和囤積的差別嗎？所謂儲備，是適當的危機處理。同樣的東西若變成囤積，就失去適當性。出於不安而購買大量的糧食，會使不安具體化，再度引起不安，簡直就像無間地獄般的負面連鎖反應。一旦把焦點放在「不安」上，不論怎麼囤積，抱著再多的東西，都無法安心。

與其這樣，不如把焦點放在「眼前」。一旦把焦點放在「眼前」的可貴上，便會與確信的未來產生連結。如此一來，就會變得踏實安心。

還有，儲備的水並非放在廚房裡，而是放在玄關的櫃子裡。

櫃子裡放有災難時可能會派上用場的東西，有油燈、蠟燭、工具、膠帶、廁紙、面紙、乾電池、備用燈泡。櫃子上方有電器總開關，停電時檢查一下總開關，順便點燃油燈。

附帶一提，油燈不同於手電筒等照明燈具，比較有氛圍，所以也可用來營造特殊氣氛。我曾經在餐桌上為客人點一盞微光。

玄關前的收納，俯瞰是關鍵！

從廁紙到小工具一應俱全，
便於帶進客廳、寢室、廁所
和每間房間，
是緊急時可從玄關
帶去避難的物品。

非常時期的礦泉水放在這裡

玄關櫃子右邊的門扉裡，
放有六瓶儲備用的礦泉水。
油燈和觀葉植物的營養劑
放在上面。

占空間的紙類放在這裡

玄關櫃子左側，主要放面紙、紙巾和從袋子裡取出的廁紙。構不到的最上層櫃子不使用。

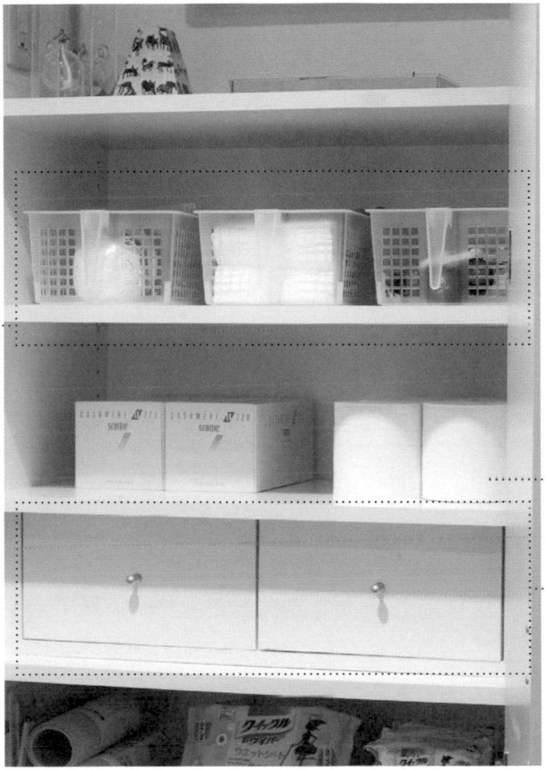

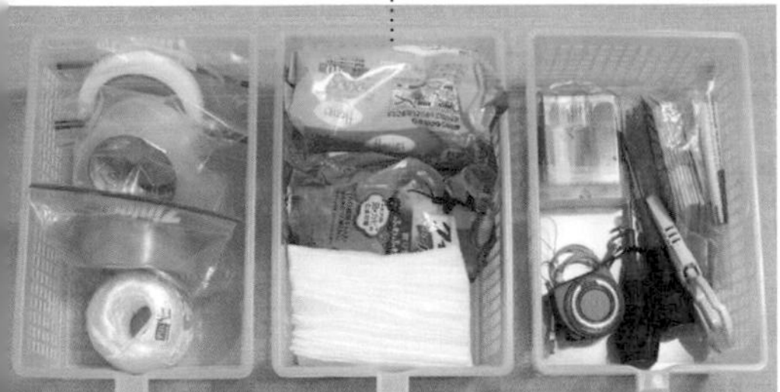

小工具收納在無蓋的籃子裡

三個透明籃子用來收納小件勞作工具。容易沾上微細灰塵的膠帶，放入封口袋裡。

使用率高的物品擺在眼前

左邊抽屜裡有點火槍和打火機。根據使用率，將物品由前往後排。右邊抽屜裡排放著用透明盒子裝的電池、燈泡。

結語

為了我和你所創造的空間

有個會說「你回來了」，等待我回家的空間。

有個會說「歡迎」，迎接客人的空間。

現在我的這間房子是以怎樣的心情等著我，是以怎樣的心情來迎接你。

希望我舒適又放鬆。

希望你能盡情享受。

是的，我想要一個能夠舒服地接受我、舒適地招待你的空間。

一個人的時候可以放鬆，與你這位好朋友可以一起共度快樂時光。換句話說，那是具有「犒賞」之療癒效果、「款待」之激勵作用的空間，也是生活。

雖是簡單的空間，卻能帶來滋潤的生活。

雖是帶來滋潤的空間，卻是簡單的生活。

我覺得，在那樣舒適的斷捨離空間裡，一定存在著隱約可見的生活感，並且飄著淡淡的生活味。

山下英子

斷捨離的簡單生活

モノが減ると心は潤う簡単「断捨離」生活

作　　　者　山下英子
譯　　　者　蘇聖翔、高詹燦
主　　　編　林子揚
編　　　輯　吳昕儒
封 面 構 成　林采瑤

總　編　輯　陳旭華
電　　　郵　steve@bookrep.com.tw
社　　　長　郭重興
發 行 人 兼 出 版 總 監　曾大福
出 版 單 位　一起來出版／遠足文化事業股份有限公司
發　　　行　遠足文化事業股份有限公司
www.bookrep.com.tw
23141 新北市新店區民權路 108-2 號 9 樓
電話｜02-22181417　傳真｜02-86671851

法 律 顧 問　華洋法律事務所　蘇文生律師
印　　　製　成陽印刷股份有限公司
三 版 一 刷　2021 年 9 月
定　　　價　380 元

國家圖書館出版品預行編目 (CIP) 資料

斷捨離的簡單生活 / 山下英子 著 ; 蘇聖翔 , 高詹燦 譯 .
-- 三版 . -- 新北市 : 一起來出版 , 遠足文化事業股份有限公司發行 , 2021.09
面 ;　公分 . --（一起來好 ; 13）
ISBN 978-626-95014-1-0 (平裝)

1. 家庭佈置　2. 生活指導

422.5　　110013364